蝼蛄

小麦胞囊线虫病胞囊

小麦金针虫

麦蜘蛛

小麦蚜虫

小麦赤霉病

小麦叶枯病

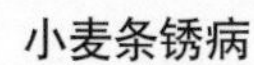

小麦条锈病

小麦叶锈病

小麦纹枯病

小麦全蚀病

地老虎

玉米黏虫

玉米螟

玉米黑粉病

玉米粗缩病

玉米褐斑病

大豆豆天蛾

大豆造桥虫

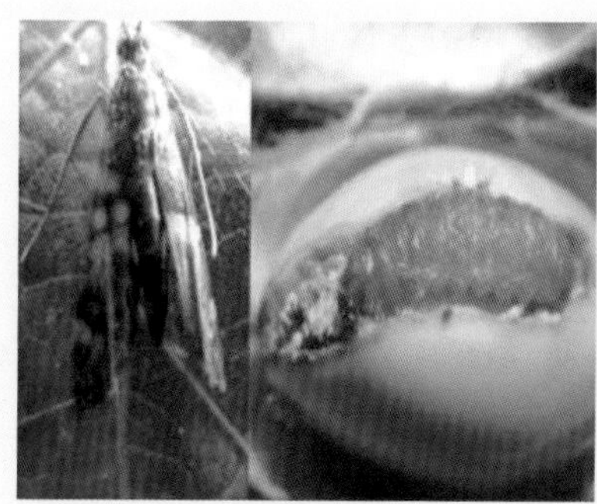

大豆食心虫

大豆灰斑病

大豆霜霉病

大豆根腐病

花生蚜虫

蛴螬

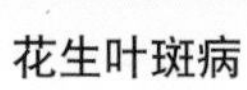

花生叶斑病

花生青枯病

花生根腐病

花生茎腐病

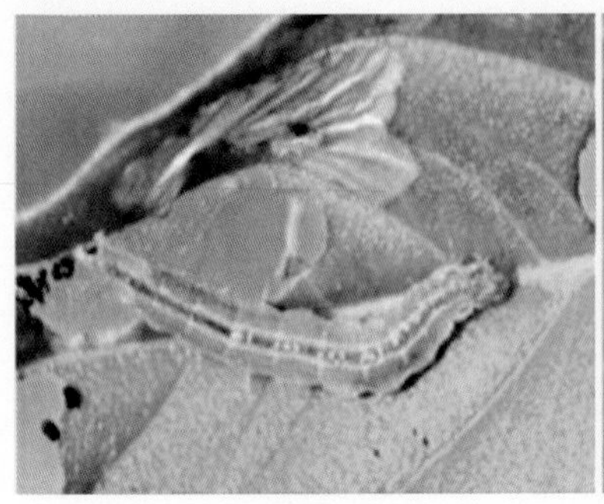

芝麻天蛾

芝麻螟

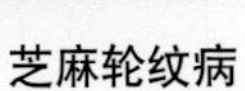

芝麻轮纹病

芝麻叶斑病

芝麻黑斑病

芝麻青枯病

野燕麦

稗草

猪殃殃

播娘蒿

米瓦罐

马齿苋

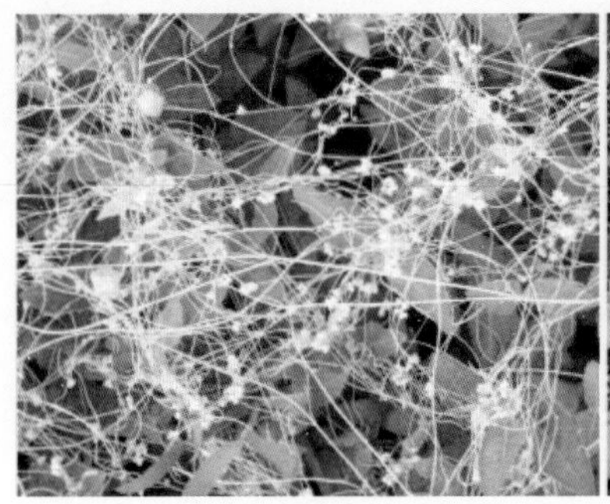

大豆菟丝子

刺儿菜

马唐

狗尾草

打碗花

宝盖草

# 农作物优质高产栽培技术

赵宏昌　等 主编

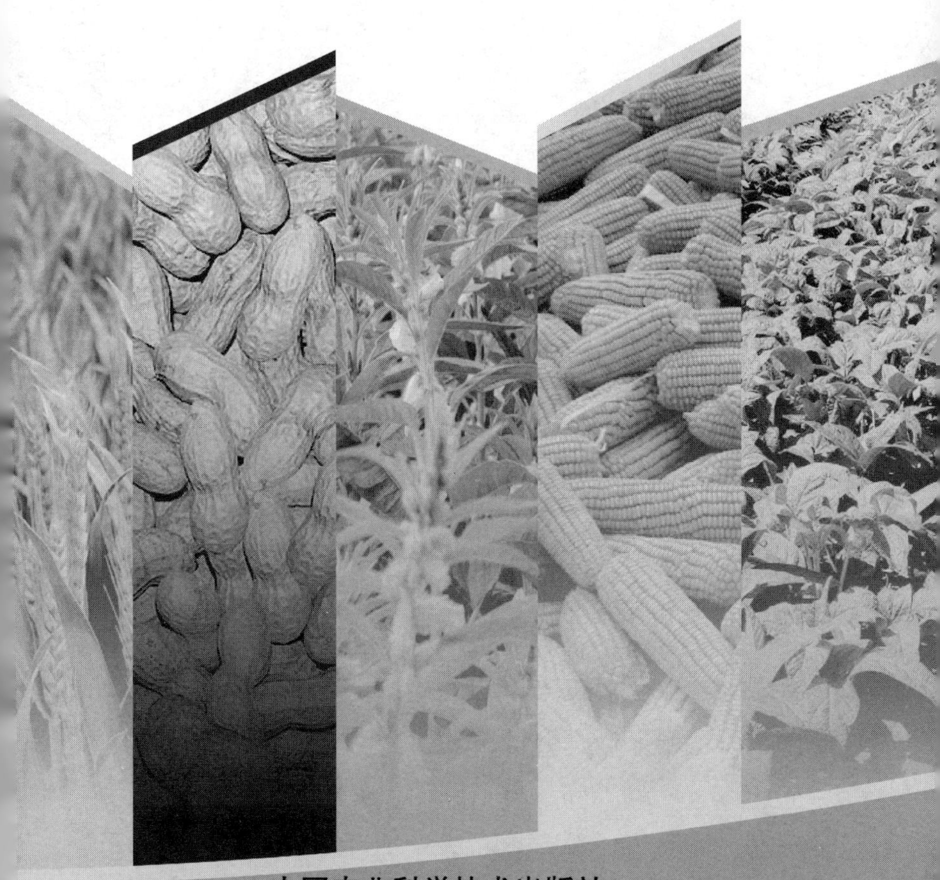

中国农业科学技术出版社

**图书在版编目（CIP）数据**

农作物优质高产栽培技术／赵宏昌等主编. —北京：中国农业科学技术出版社，2013.11

ISBN 978 – 7 – 5116 – 1426 – 1

Ⅰ. ①农…　Ⅱ. ①赵…　Ⅲ. ①作物 – 栽培技术　Ⅳ. ①S31

中国版本图书馆 CIP 数据核字（2013）第 261991 号

**责任编辑**　白姗姗
**责任校对**　贾晓红

**出 版 者**　中国农业科学技术出版社
　　　　　北京市中关村南大街 12 号　邮编：100081
**电　　话**　(010)82106638(编辑室)　(010)82106624(发行部)
　　　　　(010)82109709(读者服务部)
**传　　真**　(010)82106650
**网　　址**　http://www.castp.cn
**经 销 者**　各地新华书店
**印 刷 者**　北京富泰印刷有限责任公司
**开　　本**　850mm ×1 168mm　1/32
**印　　张**　4　　　(彩插　8 页)
**字　　数**　100 千字
**版　　次**　2013 年 11 月第 1 版　2014 年 7 月第 2 次印刷
**定　　价**　16.00 元

#《农作物优质高产栽培技术》编委会


主　编　赵宏昌　张从永　黄增敏　赵　洁

副主编　张艳杰　张明哲　张俊丽　赵慧霞
王玲莉　杜成喜　张东明　程　磊
程广红　张　鑫

编　著　朱丽君　丁一飞　王　潇　陈　磊
张述敬　何亚丽　石玉清　郑翠霞
袁卫生　武卫权　马　巍　王宏博
郭保华　胡月强　赵兴中　宁艳丽

# 序　言

为了更好地贯彻执行《中华人民共和国农业技术推广法》，帮助农业技术人员和农民学习掌握先进的农业生产技术，切实解决科技入户最后一公里的问题，我们组织了具有较高理论水平和丰富实践经验的农业工作者编写了《农作物优质高产栽培技术》一书，供基层农技人员指导培训和农民生产之用。

本书认真分析了当前小麦、玉米、大豆、麦套花生、芝麻等农作物生产中存在的问题，提出了不同时期分段管理等一系列关键技术措施，内容涵盖了农作物生产中的传统技术手段和最新科研成果，并在附件中详细介绍了小麦品种利用、农药使用和科学施肥等基本常识，资料全面，重点突出，简明扼要，通俗易懂。

本书适应性广，可作为农村阳光工程培训教材，也可作为基层农技人员、农村基层干部和广大农民生产实践中的技术参考资料。

由于编者水平有限，加之编写时间仓促，本书难免有疏漏之处，我们热切希望农业技术人员、培训教师、农民朋友和各届人士在使用过程中提出宝贵意见，以使其进一步完善再版。

**编　者**

**2013 年 10 月**

# 前　言

[illegible]

编　者

2013年10月

# 目　录

# 第一章　小麦高产栽培技术

## 一、小麦播种期间管理

小麦要高产稳产优质，必须坚持“立足抗灾、健身栽培、培育壮苗、以壮应变”的技术路线，高标准夯实麦播基础，千方百计提高麦播质量，把好培育壮苗第一关。

### （一）因地制宜，选用良种

良种是夺取小麦高产的重要因素之一。要实现小麦高产优质，最重要的就是选用经过国家审定或省审定，并在生产或试验示范中综合性状表现优良的品种。根据周口市小麦生产实际和近几年的品种表现，本着“高产、稳产、优质、抗逆”的原则，早、中茬（玉米、大豆、芝麻等）中上等肥力地块，宜选用增产潜力大、抗寒性好的半冬性品种，如周麦22、周麦18、周麦16、矮抗58、众麦1号、泛麦5号、郑育麦9987等；晚茬（棉花、红薯等）中上等肥力地块，宜选用高产、稳产、性能较好的、适宜晚播早熟的弱春性品种，如周麦23、众麦2号、太空6号等；优质专用小麦品种以郑麦366、西农979、郑麦9023为主。

### （二）培肥地力，配方施肥

土壤肥力是决定小麦产量高低的基础。增施有机肥、实施玉米秸秆还田、精耕细作，不断培肥地力是保证小麦稳产、高产、优质的重要措施。要充分利用麦播前的有利时机，大力挖掘圈肥、厩肥、粪肥等各种有机肥源，力争亩*施经过充分发酵、腐熟的优质农家肥3 000~4 000千克，或者腐熟的鸡粪1 000千克；施用的商品有机肥要达到国家有关要求（有机质含量大于或等于45%，氮磷钾总量大于5%），一般亩施商品有机肥200~300千克，要以玉米秸秆直接还田为核心（1亩玉米秸秆直接还田相当于增施6千克尿素、14千克过磷酸钙、16千克硫酸钾），增加土壤有机质，培肥地力，改善土壤团粒结构和理化性状，提高土壤的保水、保肥性能，还能杜绝秸秆焚烧所造成的大气污染，是发展可持续农业的有效措施。但大多数农户对秸秆还田技术缺乏了解，导致玉米秸秆还田效果不佳，具体表现在部分玉米秸秆还田后的麦田出现出苗率低、苗黄、苗弱甚至死苗等现象。

玉米秸秆还田要注意以下几个事项：一要注意秸秆翻压深度。在玉米秸秆粉碎撒入田间后，不论该田是播种小麦还是歇茬，都要立即深翻25厘米以上，将秸秆全部覆盖严实。不能使秸秆长时间裸露地面，否则经过风吹日晒，失水过多，会降低还田效果。二要注意秸秆翻埋量。玉米秸秆还田时翻埋量不宜过多，一般每亩500~700千克为宜。还田量过多，不仅会影响秸秆腐烂、分解的速度，而且在秸秆腐烂、分解过程中产生的各种有机酸过多，对下茬作物的根系有损害作用。三要注意粉细。秸秆还田在粉碎秸秆时要用大型秸秆粉碎机，使秸秆粉碎长度在5厘米左右，以免秸秆过长土压不实，影响作物的出苗与生长。四要注意及时灌水。玉米秸秆还田要根据土壤墒情，及时灌水，促进秸秆腐烂速度，防止秸秆在腐烂过程中与小麦争水的矛盾。凡留作第二年春播的田块，也要根据气候情况，在土壤水分不足时要提早灌水，促进秸秆腐烂。旱地要在玉米秸秆还田后，及时做好保

* 1亩≈667平方米。全书同

墒工作，最好在深翻后带耱或镇压，保蓄水分，以利于秸秆吸水分解。五要注意补施养分。补施养分是为了解决微生物与幼苗争夺养分的矛盾。微生物为了分解有机物质，必然会与作物幼苗争夺土壤的速效养分，影响幼苗的正常生长，因此，要施足氮肥，以防土壤微生物分解秸秆时与幼苗争养分造成黄苗。在翻压前每亩需要补施尿素 10 千克或碳铵 25～30 千克，过磷酸钙 15～20 千克，促进秸秆腐烂速度，防止秸秆腐烂、分解与小麦争肥的问题。六要杜绝带病秸秆还田。这类秸秆应销毁或高温堆腐后再使用。

大力推广“以产定氮、测土定磷钾、因缺补微”的施肥技术。根据周口市耕地土壤有机质和全氮含量整体上升、磷素有所积累、钾素有所下降及小麦氮肥施用总体过量的现状，在氮肥施用上，采取总量控制、分期调控的方法确定亩施氮肥总量和追肥时期、数量。氮肥施用总量要依据小麦目标产量确定。在此基础上，重点根据水浇条件、品种特性等进行分期调控，确定合理的基肥、追肥比例。在磷、钾肥施用上，根据测试土壤有（速）效磷钾含量水平和磷钾的肥效反应，确定磷、钾肥用量。亩产小麦 500～550 千克，氮肥（N）亩用量控制在 13～15 千克；亩产小麦 450～500 千克，氮肥（N）亩用量控制在 10～12 千克。土壤有效磷（P）小于 7 毫克/千克，亩施磷肥（$P_2O_5$）5～7 千克；土壤有效磷（P）7～17 毫克/千克，亩施磷肥（$P_2O_5$）4～6 千克；土壤有效磷（P）大于 17 毫克/千克，亩施磷肥（$P_2O_5$）3 千克。土壤速效钾（K）小于 100 毫克/千克，亩施钾肥（$K_2O$）3～5 千克；土壤速效钾（K）100～150 毫克/千克，亩施钾肥（$K_2O$）1～3 千克；土壤速效钾（K）大于 150 毫克/千克，可不施钾肥。保水保肥能力好的高产麦田，氮肥 50% 底施、50% 返青期至拔节期追施；中产麦田，氮肥 60% 底施、40% 返青追施。质地黏重的砂姜黑土底追比例控制在 7∶3 为宜。

在微量元素缺乏或不足区域，底肥亩施硫酸锌 1.5 ~ 2.5 千克，硫酸锰 2 ~ 3 千克，拌砂拌土，施用均匀。

（三）精细整地，足墒播种

近几年，小麦受旱、受冻的经验表明，播种前耕翻、深松或旋耕后进行耙地镇压，及小麦播种后经过镇压的麦田，麦苗生长相对正常，受旱、受冻较轻；反之，旋耕后没有耙压，播种后也没有镇压，造成耕层土壤暄松，很快失墒，影响次生根萌发，冬季透风，根系受冷受旱，死苗较重。因此，耕后耙地镇压和播种后镇压是保苗安全越冬的重要环节。耕作整地的目的是使麦田达到耕层深厚，土壤中水、肥、气、热状况协调，土壤松紧适度，保水、保肥能力强，地面平整状况好，符合小麦播种要求，为全苗、壮苗及植株良好生长创造条件。总的原则是：秸秆还田必须深耕、旋耕地块必须耙实，以耕翻（机耕或深松）或少免耕（旋耕）为基础，耙、耱（耢）、压、起垄、开沟、作畦等作业相结合，正确掌握宜耕、宜耙等作业时机，减少耕作费用和能源消耗，做到合理耕作，保证作业质量。

1. 深耕、深松

土壤深耕或深松使土质变松软，土壤保水、保肥能力增强，是抗旱保墒的重要技术措施。深耕可掩埋有机肥料、粉碎的作物秸秆、杂草和病虫有机体，疏松耕层，松散土壤；降低土壤容重，增加孔隙度，改善通透性，促进好气性微生物活动和养分释放；提高土壤渗水、蓄水、保肥和供肥能力。连续多年种麦前只旋耕的麦田，在旋耕的 15 厘米以下形成坚实的犁底层，影响根系下扎、降水和灌溉水的下渗，应旋耕 3 年，深耕或深松 1 年，破除犁底层，深耕深度要达到 25 厘米以上。

2. 耙实镇压

耙碎土块，疏松表土，平整地面，上松下实，减少蒸发，抗旱保墒；在犁耕或旋耕后都应根据土壤墒情及时耙地。旋耕后表层土壤疏松，如果不耙实镇压以后再播种，会发生播种过深的现象，形成深播弱苗，严重影响小麦分蘖的发生，造成冬前群体不足；还会造成播种后很快失墒，影响根系发育，次生根减少，造成冬季黄苗死苗。镇压有压实土壤、压碎土块、平整地面的作用，当耕层土壤过于疏松时，镇压可使耕层紧密，提高耕层土壤水分含量，使种子与土壤紧密接触，根及时萌发伸长，下扎到深层土壤中，一般深层土壤水分含量较高较稳定，即使上层土壤干旱，根系也能从深层土壤中吸收到水分，提高麦苗的抗旱能力，麦苗整齐健壮。要采取随播镇压、播后镇压或出苗后浇水等措施踏实土壤。

3. 足墒播种

要平整地面，起垄作畦，保证灌排方便。如遇干旱，要耕前或播后及时浇水，做到足墒下种，确保一播全苗。

### （四）适期播种，严控播量

要根据气候变暖和秋季气温变化的实际情况，科学确定适宜播期。周口市小麦适宜播期为10月10～25日，其中，半冬性品种（早中茬）在10月10～20日播种，弱春性品种（晚茬）在10月18～25日播种。要根据品种特征特性、播期、整地质量、地力水平和土壤墒情等因素合理确定播量。分蘖力强、成穗率高的品种，适当减少播量，分蘖力弱、成穗率低的品种，适当增加播量；早播麦田适当减少播量，晚播麦田适当增加播量；高水肥田块适当减少播量，中低产田适当增加播量。墒情较足，整体质量好的高水肥地块，一般半冬性品种亩播量8～9千克，弱春性品种亩播量9～10千克。因灾延误播期或整地质量较差的麦田，应适当增加播量，每晚播3天，每亩播量增加0.5千克，但亩播量最高不能超过15千克。为确保小麦安全生产，预防后期倒伏和病虫害严重发生，一定要克服盲目加大播量的现象。另外，采取机播的播深一定要达到 3 ~5 厘米，深浅一致，达到种均苗匀。

（五）麦播期病虫害综合防治技术

播种期是预防和控制多种小麦病虫害的关键时期，也是压低病虫发生基数，减轻中后期防治压力，降低防治成本，保证小麦一播全苗、壮苗的最有利时机。播种甫 虫害防治的主攻对象是小麦纹枯病、全蚀病等土传种传病害以及地下害虫和吸浆虫等。种子包衣、拌种、土壤处理是比较先进的病虫害防治技术，也是麦播期化学防治的主要技术措施，具有操作简便，环保，对人、畜安全，成本低，防效好，省工省时等特点。科学种子包衣、拌种不仅可以防治地下害虫和多种土传种传病害对出苗的影响，而且可大大降低苗甫 虫为害，对保障苗齐苗壮具有不可替代的作用。要积极推广高效、安全的新型农药，杜绝使用国家明令禁用的农药品种，严禁假劣农药流入市场，确保农业生产及人畜安全。

1. 小麦全蚀病的防治

防控小麦全蚀病应加强植物检疫，防止未经检疫或检疫不合格的种子流入市场，控制病菌随种子远距离传播。在进行化学防治时，对全蚀病重发区，应全部使用专用杀菌剂 12.5% 硅噻菌胺（全蚀净）进行拌种，20 毫升拌种 10 千克，或应用 40 毫升 3% 的苯醚甲环唑（敌委丹）加 20 毫升 2.5% 咯菌腈（适乐时）拌种 10 千克；对新病区和零星发生区，可应用 60 毫升 3% 的苯醚甲环唑（敌委丹）或 20 毫升 2.5% 咯菌腈（适乐时）拌种 10 千克；无病区采用 20 毫升 2.5% 咯菌腈（适乐时）拌种 10 千克。

2. 纹枯病、根腐病的防治

预防以上病害可选择使用 3% 苯醚甲环唑（敌委丹）40 毫

升 +2.5% 咯菌腈（适乐时）20 毫升，或 6% 戊唑醇（立克秀）10 毫升，加水 300～500 毫升，拌种 10～15 千克，拌种后要堆闷 6～12 小时再晒干播种，兼治小麦锈病、白粉病。采用 35% 吡虫啉 50 克加水 300～500 毫升拌麦种 10 千克，可显著控制秋苗期和早春的麦蚜及灰飞虱，预防黄矮病和丛矮病发生。

3. 地下害虫（蛴螬、蝼蛄、金针虫等）、吸浆虫的防治

地下害虫在秋冬为害小麦幼苗，以成虫或若虫咬食发芽种子和咬断幼根、嫩茎，或咬成乱麻状使苗枯死，并在土表穿行活动成隧道，使根土分离而缺苗断垄。越是苗稀处为害越明显，为害重者造成毁种重播。防控地下害虫可选用 50% 辛硫磷乳油以 1 ：（50～100）：（500～1 000）的药、水、种比例进行拌种；对地下害虫和小麦吸浆虫并重或单独重发区，可应用 3% 甲基异柳磷或辛硫磷颗粒剂进行土壤处理，每亩用 2～2.5 千克，犁地前均匀撒施地面，随犁地翻入土中。多种病虫混合重发田块，要大力推广杀菌剂和杀虫剂混合拌种或种子包衣技术，同时，防控早期多种病虫害。但是，农民在拌种时一定要严格按照种衣剂使用要求及推荐剂量拌种，避免出现药害，影响种子发芽。

种子包衣技术要点：一是精选良种。被包衣的种子必须是经过精选的当地优良品种，含水量在 12%～14%，无土块、秸秆和杂质。二是正确操作。严格按农药使用规则和包衣操作规程进行。三是机械包衣。大批量包衣一定要集中采用机械包衣，以保证包衣的质量和人身安全。四是桶内搅匀。种衣剂一定要先经过预混桶搅匀后再泵入药箱，按药种比例调好包衣机药箱和种箱的计量系统，调准后方可使用。采用人工包衣，称药时要将成药的桶充分摇动，使药液上下混合均匀后马上称量。五是尽早包衣。早包衣有利于种衣膜固化牢固，防脱落，效果好，因此，包衣时间宜早不宜迟，最迟在播种前两周包衣备用。六是药肥忌混。种衣剂为固定剂型，应直接用于种子包衣处理，不能加水或其他农

药、化肥等物质，以免引起药效及毒性变化，造成失效或发生药害。另外，种衣剂为专用剂型，不能用来喷雾。七是预防中毒。包衣工作人员要穿戴劳保服装，如工作服、手套、口罩等，防止溅到面部和皮肤上，注意安全。对种衣剂要小心保存和使用，避免为害人畜事故发生。如不慎误食或操作时防护不当造成种衣剂中毒，要及时进行急救。其措施是：将中毒者离开水源，使其处于新鲜、干燥的气流中，然后脱去种衣剂污染的衣服，用肥皂及清水彻底冲洗身体污染部分，注意不要重擦皮肤。若触及眼睛时，须用大量清水冲洗 15 分钟。若误食中毒，可触及喉咙后部引起呕吐，反复催吐，直至呕吐物澄清且没有毒药味为止。中毒严重时，要及时送医院抢救。若医生不能立即赶到，可先服两片阿托品，每片 0.5 毫克，若有必要，可再次给药。注意在处理种衣剂中毒时，不能用磷中毒一类的解毒药。八是装过包衣种子的口袋，用后烧掉，禁止用来装粮食或其他食品、饲料，盛过包衣种子的盆子、篮子等，必须用清水冲洗干净后再作他用，严禁盛食物。九是干籽播种。使用包衣小麦种子一定要保证原种播种，切忌为了抢墒播种或促苗早出土而采用浸泡催芽办法。因为浸泡后会使小麦种子外围包衣脱落或有效药物成分溶于水，降低包衣效果。

药剂拌种时需要注意的几个问题：一要根据当地病虫害发生情况，确定用药种类。如果当地小麦苗期虫害发生很轻，病害发生较重，只用杀菌剂拌种即可，不必使用杀虫剂；如果病虫害混合发生，既要用杀虫剂拌种、还要用杀菌剂拌种；如果地下害虫发生较重，靠药剂拌种达不到预期的防治效果，应采取拌种和土壤处理办法相结合。二要准确掌握农药用量。防治小麦地下虫害，可用 50% 的辛硫磷乳油，防治小麦腥黑穗、全蚀病、白粉病和纹枯病等病害，可用 15% 的粉锈宁可湿粉剂和 6% 的戊唑醇（立克秀）悬浮剂拌麦种。有的农户在小麦药剂拌种时凭“估计”用药，盲目加大用药量。实践证明，小麦在用粉锈宁、辛硫磷等药剂拌种时如果用量过大，会对小麦造成明显药害，导致小麦出苗推迟，生长缓慢，严重者甚至出现缺苗断垄，因此，应特别注意。三要注意拌种方法。小麦用辛硫磷拌种，应先将农药对水稀释，再与麦种拌匀，覆盖堆闷后播种。小麦用五氯硝基苯、粉锈宁和立克秀拌种，应先将种子用清水喷至湿润，然后将药剂均匀地混拌在种子上，随后立即播种或阴干后播种。如果既要用杀虫剂拌种，又要用杀菌剂拌种，应先拌杀虫剂，堆闷后再拌杀菌剂，随后立即播种。四要随拌随播，不可久置。小麦用杀虫剂拌种后，一般堆闷2～3小时，最多5～6小时，待药剂被麦种吸收后随即播种。一般小麦用杀菌剂拌种后，应随即播种或阴干后立即播种。有的农户在小麦药剂拌种后堆闷时间过长，或拌种后久置不播，会对小麦造成药害。如果小麦用杀菌剂拌种后在日光下摊晒，显著降低防病效果。五要严格按照拌种操作规程，防止人畜中毒，最好实行统一拌种。

## 二、小麦出苗越冬期管理

小麦从出苗到越冬前，其生育特点是长根、长叶、长分蘖。其中分蘖是生长中心。冬前麦田管理应围绕保苗、促弱、控旺、稳壮，以培育冬前壮苗、增加大分蘖为中心，确保麦苗安全越冬，为来年穗多、穗大打下良好的基础。其主要措施如下。

### （一）查苗补种

小麦出苗后，常因种种原因造成缺苗断垄现象，有些麦田缺苗达10%～20%。对缺苗断垄的麦田要及时采取以下措施，加以补救。小麦出苗后，应及早检查，对10厘米以上的缺苗断垄地段，用小锄或开沟器开沟，补同一品种的种子，墒差时顺沟少量浇水，种后盖土压实。为了促使尽早出苗可将种子用水浸泡3～5小时，捞出保持湿润，待种子开始萌动时再进行补种。播种时应注意种好地边、地头和补齐漏播行，做到边播、边查、边补种。

### （二）疏苗移栽

对已经分蘖仍有缺苗的地段，要进行匀苗移栽，就地疏稠补稀，边移边栽，移栽时覆土深度以“上不压心，下不露白”为标准，栽后压实，保证成活。缺墒时移栽后及时浇水，并适当补肥，促早发赶齐，确保苗全。

### （三）中耕松土及镇压

小麦播种后，出苗前如遇雨，易形成地表板结、裂缝、水分散失过快，影响全苗和苗期生长。必须趁表土半湿半干时抓紧疏松，防止过深伤芽，以利齐苗、全苗。对旺长的麦苗进行镇压，可起到控主茎、促分蘖、促根系的作用，增加抗寒性、抗旱性，同时，还能压碎坷垃、压实土壤，有利安全越冬。特别是没有冬浇条件的地区压麦尤为重要。有试验证明压比不压可减少死亡率20%左右、增产4.8%～18.2%。压麦时间宜在晴天中午以后，不要在有霜冻的早晨压麦，以防伤苗。盐碱地和沙土的不宜压麦，以免引起返碱和风蚀。同时，镇压一定要注意土壤墒情，土壤水分过高，不宜镇压，以免造成土壤表层严重板结。

### （四）防治杂草

冬前，麦苗小，遮掩度低，杂草苗小，抗药性低，易于防除，且具有成本低、作业效率高、安全系数大、见效快、防效好等诸多优点，一次施药基本能够控制小麦生育期杂草为害。防除时间应在杂草充分出土后的11月上旬至12月上旬，小麦3～5

叶，杂草2～4叶期，日均温度5℃以上的无风或微风晴天。在具体的化学防治上，以播娘蒿、荠菜、米瓦罐等阔叶杂草为主的麦田可亩用75%苯磺隆干悬浮剂1～1.8克或10%苯磺隆可湿性粉剂10～15克加水30～40千克喷雾；以野燕麦、看麦娘等禾本科杂草为主的麦田，亩用6.9%骠马乳剂60～70毫升进行茎叶喷雾；以节节麦发生为主的麦田用3%世码水分散粒剂30克进行茎叶喷雾；对猪殃殃发生严重的田块用20%氯氟吡氧乙酸（使它隆）乳油每亩50～60毫升进行防治。对阔叶杂草和禾本科杂草混发的麦田，可根据杂草种类选用上述对路除草剂混合喷洒。

（五）浇越冬水

在此期间，降水偏少，为使麦苗安全越冬，特别是在冬季寒冷年份都要进行冬灌，冬灌应掌握以下4个原则。

1. 时间

冬灌一般在11月底到12月初，适宜冬灌的温度指标是日平均气温3℃以上，夜冻昼消。浇水过晚，水渗不下，遇到寒流时地面易结冰，麦苗窒息而亡。

2. 墒情

麦田5～20厘米的土壤含水量，沙土低于13%～14%，壤土低于16%～17%，黏土低于18%～19%时可以冬灌，冬灌的顺序是：一般低洼地、黏土地可先灌；沙土地因失墒快，应晚灌。

3. 苗情

壮苗麦田适时冬灌，旺苗麦田视墒情可推迟冬灌或不灌，早播弱苗和秸秆还田麦苗要早灌早追肥，晚播弱苗不宜冬灌。

4. 灌水量

冬灌要根据墒情、苗情和天气而定，一般每亩40立方水，防止大水漫灌，以免造成冲、压、淤、淹或凌抬* 伤苗。

5. 因苗制宜，分类管理

对地力较差、底肥施用不足、有缺肥症状的麦田，应在冬前分蘖盛期结合浇水每亩追施尿素 8～10 千克，并及时中耕松土，促根增蘖。对底肥充足、生长正常、群体和土壤墒情适宜的麦田冬前一般不再追肥浇水，只进行中耕划锄。对晚播弱苗，冬前可浅锄松土，增温保墒，促苗早发快长；这类麦田冬前一般不宜追肥浇水，以免降低地温，影响发苗。对群体过大过旺麦田，要及时进行深中耕断根或镇压，控旺转壮，中耕深度以 7～10 厘米为宜；也可喷洒壮丰安等抑制其生长。

## 三、小麦返青孕穗期管理

### （一）返青孕穗期小麦的生育特点

2 月上中旬，随着气温回升，小麦会长出新叶，麦苗由灰绿色转为青绿色，即进入返青期。小麦返青以后，营养生长与生殖生长逐渐加快，伴随着新叶片的产生，小麦进入二次分蘖高峰期，小麦起身后，分蘖逐渐停止，开始两极分化。3 月上中旬，随着气温的不断升高，周口市小麦陆续进入拔节期，小麦生长也进入了旺盛生长期，需水、需肥量逐渐增加，对肥水比较敏感。这一时期是实现苗情转化升级的唯一关键时期，也是促弱（苗）、转壮（苗）、稳壮（苗）、控旺（苗）的关键时期，更是小麦构建合理群体、培育健壮个体的重要时期。尤其是拔节期管理是否得当，对基部节间的长短，上部叶片的大小，两极分化快慢，每亩穗数和每穗粒数的多少，以及防止倒伏和后期早衰起重

---

* 凌抬：冬季麦田积水，水上面结冰，冰下面的水慢慢下渗，就形成了凌抬

大作用。当4月中旬气温上升至15℃左右时，小麦的旗叶叶片全部从倒二叶叶鞘内伸出，进入孕穗期。孕穗期养分供应充足，能制造和积累较多的营养物质，保穗增粒，防止叶片早衰，促进籽粒灌浆。此期也要防止营养过剩引起倒伏和贪青晚熟。

小麦返青—孕穗期的主攻目标是：促弱、控旺转壮，促使各类苗情逐渐形成适宜的群体结构，保持茎叶稳健生长，使穗数和穗粒数协调发展，搭好优质高产骨架，多成穗、成大穗，为小麦高产稳产打下基础。

### （二）返青孕穗期的田间管理

小麦返青至孕穗期麦田管理的主要内容是科学浇水、合理追肥、中耕保墒和防治病虫草害。由于小麦品种、地力、苗情和各地的栽培条件不同，所以要因地制宜，科学管理。

1. 因苗制宜，科学浇水施肥

（1）一类苗麦田管理

一类苗麦田亩总群体为70万左右，麦苗青绿，叶色正常，根系和分蘖生长良好。这类麦田应控促结合，提高分蘖成穗率，促穗大粒多。一是起身期喷施壮丰胺等调节剂，缩短基部节间，控制植株旺长，促进根系下扎，防止生育后期倒伏。二是推广氮肥后移技术，以控制无效分蘖过多滋生，构建合理群体结构，延缓植株衰老，实现增粒增重。此期追肥一般亩追施尿素10千克左右，并配施适量磷酸二铵。

（2）二类苗麦田管理

对于亩群体在60万左右、叶色较淡的二类苗麦田，中后期肥水管理的重点是巩固冬前分蘖，适当促进春季分蘖发生，提高分蘖成穗率，促大穗多粒。地力水平一般、亩群体45万~50万的二类苗麦田，在小麦起身初期结合浇水亩追施尿素10~12千克；地力水平较高、亩群体50万~60万的二类苗麦田，应在小麦起身中期之后再追肥浇水；如果返青期已经进行了追肥浇水，等到小麦拔节期再结合浇水亩追施尿素8~10千克。

(3) 三类苗麦田管理

三类苗多属于晚播弱苗，或因严重干旱造成黄苗、死苗的麦田。这类麦田的亩群体在45万以下，叶色青黄，苗小分蘖少，次生根也少，部分主茎和大分蘖幼穗有冻死现象。对于这类麦田春季肥水管理应以促为主，分两次追肥。第一次在返青期5厘米地温稳定在5℃时开始追肥浇水，每亩施用5~7千克尿素和适量的磷酸二铵，促进春季分蘖，巩固冬前分蘖，以增加亩穗数。第二次在拔节中期施肥浇水，以减少小花退化，提高穗粒数，并为提高粒重打基础。

(4) 旺长苗麦田管理

这类麦田一般年前亩群体达80万以上，植株较高，叶片较长，主茎和低位分蘖的穗分化进程提前，早春易发生冻害。拔节期以后，容易造成田间郁闭、光照不良，易倒伏。这类麦田的田间管理应做到前控后促，促控结合。一是起身期喷施调节剂，控制株高，促根系下扎，防止生育后期倒伏。二是无脱肥现象的旺苗麦田，应早春镇压蹲苗，避免过多春季分蘖发生，到拔节期再结合浇水亩施尿素10~12千克。三是对于有脱肥症状的假旺苗，应在起身初期追肥浇水；如群体偏大，可在起身中期追肥浇水，防止旺苗转弱苗。

2. 中耕划锄

各类麦田，尤其是浇过水的麦田，在返青期至拔节前都要及时进行中耕划锄，以破除板结，疏松土壤，提高地温，消灭杂草，减少土壤水分蒸发，促进小麦根系生长发育和分蘖生长，增强小麦的抗旱能力。

3. 预防“倒春寒”和晚霜冻害

“雨水”过后，气温变化大，是寒潮的多发期。如果此时气

温下降到 -3℃以下，持续6～7小时，由于已经拔节的麦苗安全失去抵抗零度以下低温的能力，极易发生霜冻为害。其表现为：叶片似开水烫过，经太阳照射后，便逐渐干枯，正在发育的幼穗分生细胞对低温的反应较叶细胞敏感，故发育越早的麦株越容易受冻，晚播麦比早播麦受害轻。小麦冻害，多表现主茎冻死，而分蘖未被冻死，或单个麦穗部分被冻死，造成籽粒严重缺失，而显著影响产量。春季冻害发生后，一是要在低温后2～3天及时观察幼穗受冻程度，发现茎蘖受冻死亡的麦田要及时追肥，促其恢复生长。一般茎蘖受冻死亡率在10%～30%的麦田，可结合浇水亩追施尿素4～5千克；茎蘖受冻死亡率超过30%的麦田，亩追施尿素8～12千克，以促进高位分蘖成穗，减少产量损失。近几年，周口市连年发生晚霜冻和“倒春寒”，预防的主要措施一是要密切关注天气变化，在寒流来临之前及时浇水或寒流到来1小时前进行烟熏。二是选择半冬性品种，培育健壮植株。早茬地块严禁选用弱春性品种，尤其是不得提前播种。三是对生长过旺麦田适度抑制生长，早春镇压，起身期喷施壮丰安。四是灌水。由于水的热容量大，早春寒流到来之前浇水能使近地层空气中水汽增多，发生凝结时放出潜能，减少地面温度的变幅。同时，灌水后土壤水分增加，土壤导热能力增强，使土壤温度增高。

### （三）返青孕穗期病虫害综合防治

返青至孕穗期是小麦纹枯病、麦蜘蛛、麦田杂草等主要发生为害期，也是防治小麦纹枯病、麦蜘蛛、麦田杂草等病虫害的关键时期，同时，兼治麦蚜，早控白粉病、锈病。

1. 纹枯病

症状：小麦受纹枯菌侵染后，在各生育阶段出现烂芽、病苗枯死、花秆烂茎、枯株白穗等症状。烂芽芽鞘褐变，后芽枯死腐烂，不能出土；病苗枯死发生在3～4叶期，初仅第一叶鞘上现中间灰色、四周褐色的病斑，后因抽不出新叶而致病苗枯死；花秆烂茎拔节后在基部叶鞘上形成中间灰色，边缘浅褐色的云纹状病斑，病斑融合后，茎基部呈云纹花秆状；枯株白穗病斑侵入茎壁后，形成中间灰褐色，四周褐色的近圆形或椭圆形眼斑，造成茎壁失水坏死，最后病株因养分、水分供不应求而枯死，形成枯株白穗。

发病规律：苗期和返青后都可发展蔓延，在小麦越冬期，病情停止发展。该病流行的重要时期是越冬后小麦返青至抽穗阶段。分为三个阶段：一是水平扩展阶段。2月下旬至3月下旬小麦返青起身期，气温回升，病情发展加快，病茎率明显增加。二是垂直扩展阶段。3月下旬小麦拔节后，温度较高，病害侵入茎秆，严重度显著增加。三是病情停滞阶段。小麦抽穗后，植株组织老化阻止了病菌继续扩展，病情趋于稳定。春季雨水多、湿度大、温度正常略偏高的天气有利于该病流行。偏施氮肥、植株密度大及田间杂草郁闭度较高的田块发病较重。

防治方法：一是农业防治。①合理施肥：大力推广配方施肥，重病田块要增施磷钾肥以增强抗病能力。②提高播种质量：选用耐（抗）病品种，适期足墒播种，推广机播及半精量播种，促进小麦出苗整齐，个体发育好，群体合理。二是药剂拌种。选用适乐时、立克秀、敌萎丹等高效安全杀菌剂包衣或拌种，可降低麦田发病基数，推迟病害流行时间，减轻田间病害发生程度。三是田间喷药防治。防治小麦纹枯病应在小麦返青期后拔节前，每亩应用5%井冈霉素150～200克，或用20%的三唑酮50克，或用12.5%的烯唑醇30克，或用20%戊唑醇20～30克，加水40～50千克喷施，5～7天1遍，连喷2次。

2. 麦蜘蛛

症状：春秋两季为害麦苗，成虫、幼虫均可为害，被害麦叶出现黄白小点，植株矮小，发育不良，重则干枯死亡。

发病规律：周口市发生的麦蜘蛛主要是麦圆蜘蛛。麦圆蜘蛛较耐寒，冬前便有发生。春季2月下旬至3月上旬开始活动，3月下旬至4月上旬进入为害盛期。在一天中多在9时前和16时后活动，最适温度为8～15℃，最适湿度为80%以上，地势低洼，春季阴凉，以及沙壤土发生数量较多，遇大风隐藏在麦丛下部，春季成虫将卵产在小麦分蘖丛和土块上，秋季多产在须根及土块上。

防治方法：一是农业防治。有条件的地方可实行轮作倒茬，及时清除田边地头杂草。麦收后深耕灭茬，消灭越夏卵，压低秋苗虫口基数。适时灌溉，恶化麦蜘蛛生存发生条件，在灌水之前人工抖麦蜘蛛落地，使大量虫坠落沾泥而死亡。二是药剂防治。防治麦蜘蛛每亩应用阿维菌素类农药，或用20%哒螨灵可湿性粉剂1 000～1 500倍液或15%哒螨灵乳油2 000～3 000倍液，也可用40%乐果乳油2 000倍液喷雾防治。

3. 全蚀病

小麦全蚀病是一种为害小麦生产的检疫性病害。为典型的毁灭性根部病害，发生后成点片枯死，一般可使小麦减产10%～20%，严重者50%以上，甚至绝收。

症状：该病侵染的部位是小麦根部和茎部15厘米的1～2节处，小麦整个生育期均可感病，各生育期发病症状识别如下：幼苗感病，初生根部，根茎变为黑褐色，发病轻的麦苗即使不死亡，也表现为叶色变黄，植株矮小，生长不良，类似干旱缺肥状。返青期地上部分无明显症状，重病植株稍矮，基部黄叶多，拔出麦苗，用水冲洗麦根，种子根和地下茎都变成黑褐色。拔节期病株返青迟缓，黄叶多。拔节后期病重植株矮化、稀疏，根部变黑加重，叶部自上而下变黄，似干旱缺肥状，麦田出现矮化发病中心，生长高低不平。在潮湿的情况下，根茎变色部分形成基腐性的黑脚症状，最后造成植株枯死，形成白穗。近收获期，在潮湿的条件下，根茎处可看到黑点状突起的子囊壳，严重时植株枯死。

发病规律：小麦全蚀病菌是一种土壤寄居菌。该菌主要以菌丝遗留在土壤中的病残体或混有病残体未腐熟的粪肥及混有病残体的种子上越冬、越夏，是夏茬小麦的主要侵染源。引种混有病残种子是无病区发病的主要原因。割麦收获区病根茬上的休眠菌丝体成为下茬主要初侵染源。冬麦区种子萌发不久，夏病菌菌丝体就可侵害种根，并在变黑的种根内越冬。翌春小麦返青，菌丝体也随温度升高而加快生长，向上扩展至分蘖节和茎基部，拔节至抽穗期，可侵染至第1~2节，由于茎基受害腐解病株陆续死亡。病株多在灌浆期出现白穗，遇干热风，病株加速死亡。小麦全蚀病菌较好气，发育温度3~35℃，适宜温度19~24℃，致死温度52~54℃（温热）10分钟。土壤性状和耕作管理条件对全蚀病影响较大。一般土壤土质疏松、肥力低，碱性土壤发病较重。土壤潮湿有利于病害发生和扩展，水浇地较旱地发病重。根系发达品种抗病较强，增施腐熟有机肥可减轻发病。冬小麦播种过早发病重。

防治方法：一是农业防治。①合理轮作：严重发生小麦全蚀病的地块，可实行轮作换茬，重病区3~5年内不种小麦、玉米等禾本科作物，改种棉花、油菜、春红薯、蔬菜等非寄生主作物，以切断菌源积累，控制病情发展。②深耕深翻：深耕0.27米以上，把病菌深埋地下，杀死病菌。③减少菌源：零星发病区，坚持就地封锁，发病田要单收单打，所收小麦严禁留种，麦秆、麦糠不能直接还田，最好高茬收割，然后把病茬连根拔掉焚烧，不能沤肥用。④合理施肥：底肥增施有机肥、生物肥，提高土壤有机质含量。化肥施用应注意氮、磷、钾的配比。二是药剂防治。①土壤处理：麦播前亩用70%甲基托布津可湿性粉剂2~3千克拌细土20~30千克，耕地时均匀撒施，如防治地下害虫，可与杀虫剂混用，要求随撒随耕。②种子处理：可用12.5%全蚀净，亩用量20克，拌种8～10千克，闷种6～12小时，晾干后播种。③药剂灌根：小麦返青期亩用全蚀敌或消蚀灵100～150毫升，加水150千克灌根。④药剂喷施：小麦拔节期亩用15%粉锈宁可湿性粉剂150～200克，或用20%三唑酮乳油100～150毫升，加水50～60千克喷施麦田。

4. 小麦蚜虫

麦区都有蚜虫分布。小麦苗期以麦二叉蚜为主，穗期以长管蚜、黍缢管蚜为主。

症状：小麦蚜虫，无论成虫或若虫常大量群集在叶片、茎秆、穗部吸取汁液，被害处初呈黄色小斑，后为条斑、枯萎、整株变枯至死。

发生规律：麦二叉蚜在小麦苗期为害，抽穗后数量即减少，灌浆期即外迁，多数年份不造成严重的直接为害，但能传播黄矮病。麦长管蚜喜光照，较耐潮湿和氮素肥料，特嗜穗部，多分布在植株上部，叶片上面。小麦抽穗（4月下旬）后，蚜量急剧上升，并大多数在穗部为害。黍缢管蚜喜湿畏光，嗜食茎秆和叶鞘，故分布植株下部的叶鞘、叶背甚至根茎为害，密度大时，为害上穗部，喜氮素肥料和植株密集的高肥田。

防治方法：一是拌种。用40%甲基异柳磷50毫升加水1千克稀释，喷拌50千克麦种，以减轻苗期蚜虫为害及防止小麦黄矮病发生。二是药剂防治。每亩用吡虫啉（大功臣、一遍净、蚜虱净、扑虱蚜）有效成分0.5～1克对水50千克进行喷雾（药剂要两次稀释）。

5. 小麦白粉病

症状：小麦从幼苗到成株期，均可被病菌侵染。病菌主要侵染为害叶片，严重时也可侵染叶鞘、茎秆和穗部。病部表面覆有一层白粉状霉层。发病严重时整个植株从上（可及穗部）到下均为灰白色的霉层所覆盖。初发病时，叶面出现 1 ~ 2 毫米的白色霉点，后逐渐扩大为近圆形至椭圆形白色霉斑，霉斑表面有一层白粉，遇有外力或震动立即飞散。后期病部霉层变为灰白色至浅褐色，病斑上散生有针头大小的小黑粒点。

发病规律：小麦白粉病菌秋季侵染小麦幼苗，病情发展极其缓慢。随着春季温度升高，增殖速度加快。一般年份在 2 月下旬至 3 月上旬可以在田间查到中心病株（轻发年份可见期推迟到 3 月中下旬），4 月下旬是白粉病发展速度最快的阶段，也是该病害流行盛期，5 月上旬以后温度迅速升高到 22℃以上，病情发展受到抑制，5 月中旬以后，病害停止发展。

防治方法：一是农业防治。①种植耐病品种：如周麦 22；②栽培措施：配方施肥，适当增施磷钾肥，促使植株生长健壮，增强抗病能力。另外，做好麦田杂草的防除，使田间通风好，可减轻该病发生的为害。二是药剂防治。①药剂拌种：用适乐时、立克秀或敌萎丹包衣或拌种，可减轻秋苗期的侵染，推迟春季发病期。②喷药防治：一般年份应掌握 4 月中下旬，上三叶的病叶率达 10% 时开始施药。可选用每亩用三唑酮 10 克或者粉霉灵胶悬剂 100 克，对水 33 千克均匀喷施。

6. 小麦锈病（条锈、叶锈、秆锈）

症状：小麦条锈病发病部位主要是叶片，叶鞘、茎秆和穗部也可发病。初期在病部出现褪绿斑点，以后形成鲜黄色的粉疱，即夏孢子堆。夏孢子堆较小，长椭圆形，与叶脉平行排列成条状。后期长出黑色、狭长形、埋伏于表皮下的条状疱斑，即冬孢子堆。小麦叶锈病发病初期出现褪绿斑，以后出现红褐色粉疱（夏孢子堆）。夏孢子堆较小，橙褐色，在叶片上不规则散生。后期在叶背面和茎秆上长出黑色阔椭圆形至长椭圆形、埋于表皮下的冬孢子堆，其有依麦秆纵向排列的趋向。小麦秆锈病为害部位以茎秆和叶鞘为主，也为害叶片和穗部。夏孢子堆较大，长椭圆形至狭长形，红褐色，不规则散生，孢子堆周围表皮散裂翻起，夏孢子可穿透叶片。后期病部长出黑色椭圆形至狭长形、散生、突破表皮、呈粉疱状的冬孢子堆。

发病规律：小麦锈病是一种能够随气流远距离传播的病害。病菌（夏孢子）随风吹到附近或远处的麦株上，遇到适宜的温度、湿度条件，即可发芽侵染小麦。

防治方法：一是种植抗病品种。推广使用抗锈病较好的小麦品种，搞好品种合理布局，切断菌源传播路线。二是药剂防治。小麦中后期，上部病叶率达 10% 以上时开始喷药防治。每亩用 20% 三唑酮乳油 50 毫升，15% 三唑酮可湿性粉剂 50~70 克，对水 30 千克喷雾。对小麦条锈病应“准确监测，带药侦察，发现一点，控制一片”，防止其大面积流行成灾。

7. 小麦吸浆虫

形态特征：周口市麦田麦红吸浆虫多为发生，雌成虫体长 2~2.5 毫米，翅展 5 毫米左右，体橘红色。复眼大，黑色。前翅透明，有 4 条发达翅脉，后翅退化为平衡棍。触角细长，雌虫触角 14 节，念珠状，各节呈长圆形膨大，上面环生 2 圈刚毛。胸部发达，腹部略呈纺锤形，产卵管全部伸出。雄虫体长 2 毫米左右，触角 14 节，其柄节、梗节中部不缢缩，鞭节 12 节，每节具 2 个球形膨大部分，环生刚毛。卵长 0.09 毫米，长圆形，浅红色。幼虫体长 2~3 毫米，椭圆形，橙黄色，头小，无足，蛆形，前胸腹面有 1 个“Y”形剑骨片，前端分叉，凹陷深，这是它的重要特征之一。蛹长 2 毫米，裸蛹，橙褐色，头前方具白色短毛 2 根和长呼吸管 1 对。

发病规律：小麦吸浆虫一年发生一代，幼虫在土中生活长达 10 个多月，遇不适宜的条件，幼虫结茧成休眠体来抵抗环境，这种休眠体可在土中存活 6~8 年。越冬幼虫在小麦返青后遇到适宜的环境条件，于 3 月中下旬，活动幼虫量占总虫量的 80%

以上。如果此时遇少雨天气，土壤水分10%以下，活动幼虫不化蛹，仍转为休眠状态；如果土壤含水量20%以上，有利蛹的大量羽化。常年在小麦孕穗阶段（4月中旬）幼虫开始化蛹。4月下旬到5月初是小麦抽穗扬花期，也是小麦吸浆虫成虫的盛发期。成虫产卵于小麦护颖内、护颖之间和小穗柄处。幼虫随即从外颖缝隙中侵入颖壳内吸食浆液。小麦抽穗灌浆期与成虫发生期不吻合时，不利于成虫产卵及幼虫孵化侵入。

防治方法：一是采用农业生物防治。在吸浆虫严重发生地块，通过调整作物布局，实行轮作倒茬，使吸浆虫失去寄主，又可实行土地连片深翻，把潜藏在土里的吸浆虫暴露在外，促其死亡。同时，加强水肥管理，春灌是促进吸浆虫破茧上升的前提条件，合理减少春灌，尽量不灌。二是推广抗病品种。在小麦吸浆虫发生区种植小穗密、颖壳紧、灌浆速度快的小麦品种，以减轻为害。三是药剂防治。由于小麦吸浆虫虫体小生活隐藏，不易查找，在小麦返青期查幼虫时，首先在去年长势不好产量低的麦田查，方法是：在麦田网状设点，每点挖10厘米见方，20厘米深的土，放在800~1 000目的箩或尼龙袋内，经水冲洗，平均每样有1头以上幼虫即可防治；查成虫在5月3~10日小麦抽穗扬花前，每天早晨或黄昏在麦田用捕虫网捕10次，有虫5~10头或扒麦一眼看见1~2头成虫即喷药防治。根据吸浆虫蛹、成虫纤弱、易于防治的特点，应普遍采取“主攻虫蛹，补治成虫”的防治策略。四月下旬，地温回升，幼虫上升土表化蛹，最佳施药时期为中蛹盛期，此时是吸浆虫一生中的最薄弱环节，虫体触药即死，这也是防治吸浆虫的关键时期。吸浆虫中蛹期防治可采取毒土法防治，每亩用50%甲基异柳磷乳油200毫升加水3~5千克、稀释细土20千克制成毒土，在露水晾干后顺行施于田间，确保毒土抖落地面。也可用3%甲基异柳磷颗粒剂每亩1.5千克配制成毒土撒施。成虫期防治应于成虫盛发期施药，可以选用辛硫磷、敌敌畏以及菊酯类农药，按照常规使用剂量喷雾防治。小麦吸浆虫轻发区应防治1~2次，重发区应防治2~3次，间隔期为2~3天。也可结合防治小麦蚜虫进行防治。

8. 小麦赤霉病

症状：又称麦穗枯、烂麦头、红麦头。主要引起苗枯、穗腐、茎基腐、秆腐，从幼苗到抽穗都可受害。其中，影响最严重的是穗腐。苗腐是由种子带菌或土壤中病残体侵染所致。先是芽变褐，然后根冠随之腐烂，轻者病苗黄瘦，重者死亡，枯死苗湿度大时产生粉红色霉状物（病菌分生孢子和子座）。穗腐小麦扬花时，在小穗和颖片上产生水浸状浅褐色斑，渐扩大至整个小穗，小穗枯黄。湿度大时，病斑处产生粉红色胶状霉层。后期其上产生密集的蓝黑色小颗粒（病菌子囊壳）。用手触摸，有突起感觉，不能抹去，籽粒干瘪并伴有白色至粉红色霉层。小穗发病后扩展至穗轴，病部枯褐，使被害部以上小穗，形成枯白穗。茎基腐自幼苗出土至成熟均可发生，植株基部组织受害后变褐腐烂，致全株枯死。秆腐多发生在穗下第一、第二节，初在叶鞘上出现水渍状褪绿斑，后扩展为淡褐色至红褐色不规则形斑或向茎内扩展。病情严重时，造成病部以上枯黄，有时不能抽穗或抽出枯黄穗。气候潮湿时病部表现可见粉红色霉层。

发病规律：赤霉病的流行强度及年度间变化，主要取决于菌源量、气候条件及寄主生育期三者的结合。在周口市4月中旬至5月上旬（小麦抽穗灌浆期）的雨日占总天数的一半，雨量超过50毫米，均温在15℃以上，连续三天以上的阴雨，当年赤霉病则可能大流行。

防治方法：一是农业防治。采取秋季播种前深耕灭茬，人工清除田间病残体、杂草等，及早焚烧或处理赤霉病的寄主残体（玉米桩、秸秆等），减少初次侵染源，选用耐病品种，开沟排水降湿等措施。二是药剂防治。在小麦扬花率10%左右时，每亩用高浓度多菌灵（75%）可湿性粉剂100克对水60千克手动喷雾或对水20千克机动喷雾；或用36%粉霉灵胶悬浮剂100克、33%纹霉净可湿性粉剂50克，任选一种，对水33千克稀释喷雾。第1次用药后7天内，如遇连续高温多湿天气，必须防治2次，以控制病害为害。

小麦返青孕穗期麦田杂草的防除同小麦冬前管理的杂草防治，病虫杂草混发地块可应用上述农药混合喷雾防治。

## 四、小麦抽穗成熟期管理

小麦抽穗到成熟为生育后期，包括抽穗、开花、授粉、籽粒形成与灌浆等生育过程，是形成产量和主攻品质的关键时期。此期常有高温、干旱、多雨、冰雹等灾害性天气和病虫为害出现，这会导致小麦倒伏、青秆、籽粒瘪瘦变褐，产量和品质下降。为使小麦优质丰产，就要根据小麦后期的生育特点，确定主攻目标，进行科学的田间管理，达到粒多粒饱、丰产丰收的目的。

### （一）生育特点

小麦从开花至成熟可分为籽粒形成、灌浆和成熟几个时期。开花后10天，籽粒生长很快，基本轮廓已经形成，为籽粒形成期。此期籽粒干物质积累缓慢，积累量仅占成熟期的20%左右。开花后10～30天为灌浆期。开花后16天左右，籽粒长度达到最大值，开始进入灌浆盛期，籽粒的干物质积累加快，积累量占成熟期的70%左右。开花后30天左右进入籽粒成熟期，历时5～7天，干物质积累缓慢。多年来，周口市小麦灌浆时间短，灌浆期高温、干旱出现频率高，灾害性天气多，病虫害混合发生，造成年际间粒重不稳，且变幅较大。

### （二）主攻目标

小麦抽穗—成熟期的主攻目标是：养根护叶，增加穗粒数，提高千粒重，保持根的活力，延长上部叶片的功能期，促进有机物质的合成与积累，防止早衰和青干，最大限度地将贮存的养分运转到籽粒中，达到粒多籽饱。

### （三）田间管理

1. 适时浇好灌浆水

小麦灌浆期适宜的土壤水分，能保证植株有较强的光合能力，这一时期如果缺水，光合强度就会迅速下降，呼吸作用上升，消耗已合成的有机物质。灌浆水一般应早浇，在小麦孕穗期或灌浆初期及时浇水。这个时期的耗水量占小麦整个生育期耗水总量的四分之一。因此，小麦扬花后 10～15 天应及时浇灌浆水，以保证小麦生理用水，同时，还能改善田间小气候，降低高温对小麦灌浆不利的影响，减少干热风的为害，提高籽粒饱满度，增加粒重，此期浇水应特别注意天气变化，禁在风雨天气浇水，以防倒伏。已浇过挑旗水或开花水的麦田，一般不用灌溉，尤其小麦成熟前 10 天要停止浇水。

2. 叶面喷肥

小麦后期的叶面喷肥，是延长叶片功能期和保持小麦根系活力，防止早衰、抗干热风、提高粒重、改善品质的一项重要措施。在小麦孕穗至灌浆期间，要进行叶面喷肥，每亩用 2% 左右的尿素溶液（1 千克尿素对水 50 千克）或磷酸二氢钾 200 克对水 50 千克进行叶面喷洒，也可结合防治病虫害进行。叶面喷肥最好在晴天 16 时以后进行，间隔 7～10 天再喷 1 次，连喷 2～3 次，喷后 24 小时内如遇到降雨应补喷。

（四）病虫害综合防治

小麦抽穗到灌浆期的主要防控对象是条锈病、穗蚜、吸浆虫、白粉病、叶枯病、赤霉病等。小麦条锈病、白粉病、赤霉病结合以上防治方法和生产实际进行具体防治。

1. 小麦叶枯病

小麦叶枯病是近年来在周口市普遍发生的病害，病田率达70%以上，一般田块病叶率达30%～50%，严重田块病叶率达90%以上，造成小麦后期光合作用面积减少，营养成分输导受阻，籽粒瘦秕，千粒重降低。

症状：该病能造成苗枯和穗腐，但以发生在叶片和叶鞘（鞘枯）较为普遍，尤其抽穗灌浆期，病叶率急剧上升。在叶片上，病斑初呈水渍状，后扩大呈圆形大斑，发生在叶缘的多为半圆形，由于浸润性向四周扩展，常形成数层不明显的轮纹。

发病规律：该病的周年发病过程可分3个阶段，即秋苗发病和越冬阶段，拔节至抽穗期（叶鞘病位上移阶段）和抽穗到成熟（上部叶片发病）阶段，后者是主要为害期，病势发展迅速，具有暴发性，常在短期内引起上部叶片和叶鞘发病并为害穗部，一般在5月初田间开始出现个别旗叶发病，5月中下旬发病高峰。

防治方法：一是农业防治。播前精细整地，适期适量播种，选用耐病品种，配方施肥，适当早追肥，小麦生长后期切忌盲目追施氮素肥料。控制灌水，特别是发芽生长后期，不能大水漫灌，雨后还要及时排水，麦收后要翻耕，加速病残体腐烂，以减少病源。二是药剂防治。在叶枯病的盛发为害期，也就是五月中下旬，亩用12.5%烯唑醇可湿性粉剂25～30克或20%三唑酮乳油100毫升对水50千克均匀喷施；也可用50%多菌灵可溶性粉剂1 000倍液或50%甲基硫菌灵可湿性粉剂1 000倍液喷雾，视田间病情可防治1～2次。

2. 小麦黏虫

发病规律：黏虫不能越冬。越冬代成虫春季从南方迁飞而来，在当地每年可完成三至四代。历年造成普遍为害的是第1代幼虫。越冬代成虫常年在2月中下旬至3月中旬始见，3月下旬至4月中旬盛发，5月上旬终见。始见期的迟早，主要受早春气温的影响。4月上中旬雨量、雨日与幼虫发生程度关系较为密切。成虫喜在枯草或枯黄叶上产卵。孵化盛期多在4月中旬末或4月下旬中，4月下旬以后，温度迅速上升，幼虫发育加快，一般年份在5月初为三龄幼虫盛期，五至六龄暴食叶片，严重时将上部叶片吃光。5月下旬幼虫老熟入土化蛹。

防治方法：一是草把诱杀。成虫发生盛期用谷草扎成草把，（每把3根），插于田间，每亩麦田20把，4~7天更换1次（必须及时更换，方可保证效果），将更换下来的草把集中焚烧。二是化学防治。在幼虫三龄期开展防治，防治指标为每平方米20头幼虫，可用50%辛硫磷乳油每亩50~66毫升或者90%晶体敌百虫66克，对水50千克左右稀释喷雾，也可结合防治穗期其他害虫一并兼治。再以防治黏虫为主，每亩用除虫脲1号有效成分1~2克或者除虫脲3号纯药5~10克，对水33~50千克稀释，防治效果优于有机磷农药，且有利于保护麦田天敌。

## 五、科学确定小麦收割期

小麦进入灌浆期以后，每亩的穗数和穗粒数已经固定，粒重成为决定产量高低的唯一因素。周口市位于豫东地区，小麦灌浆期的特点是：时间短，灾害多，不同年际间和品种间粒重变幅大。大量生产实践和科技工作者多年的试验研究证明，确定并掌握最佳收割期，是增加粒重，改善品质，提高小麦发芽率、发芽势，减少籽粒脱落，保证丰产丰收的重要措施。

### （一）不同收割期对小麦粒重、品质和发芽率、发芽势的影响

#### 1. 不同收割期对粒重的影响

据河南省小麦协作组研究，小麦蜡熟中期收割平均千粒重36.5克，居首位；蜡熟末期收割，平均千粒重35.13克，居第二位；蜡熟初期收割平均千粒重34.59克，居第三位；完熟期收割平均千粒重33.8克，居第四位；糊熟期收割平均千粒重最低，为33.52克。由此可见，从提高千粒重的角度出发，小麦的最佳收割期是蜡熟中期。

#### 2. 不同收割期对籽粒蛋白质的影响

据试验，蜡熟中期收割（当日脱粒，下同）籽粒中粗蛋白质含量为14.74%，居首位；蜡熟初期收割籽粒中粗蛋白质含量为13.21%，居第二位；糊熟期收割籽粒中粗蛋白质含量为12.60%，居末位。

#### 3. 不同收割期对小麦发芽率、发芽势的影响

小麦籽粒的发芽率、发芽势是评价小麦种子质量的重要标准。蜡熟末期收割脱粒发芽率为95%，最高；完熟期收割脱粒发芽率为91%，次之；蜡熟中期收割脱粒发芽率为87%，居第三位；糊熟期收割脱粒发芽率仅为72%，达不到种子的国家标准。而发芽势则以蜡熟中期为最高，达到71%，其他依次为蜡熟末期61%，完熟期52%，糊熟期33%。

### （二）因地制宜科学确定小麦收割期

上述科学数据表明，从提高千粒重和品质的角度出发，小麦蜡熟中期收割为好；从提高种子的质量出发，小麦蜡熟末期收割为好。但是，周口市小麦种植面积较大，小麦的适时收割期持续

时间有限，再加上收割方式不同，建议各地要根据自己的生产条件、收割机具与天气状况，科学确定收割期。

1. 用大型联合收割机收割的麦田，速度较快，边割边脱粒，以蜡熟中期、蜡熟末期收割为宜

蜡熟末期的标准为植株茎秆全部变黄，叶片枯黄，茎秆尚有弹性，籽粒内部呈蜡质状，含水率30%左右，颜色接近本品种固有光泽，用力能被手指甲切断。据调查，小麦完熟期收获的比蜡熟末期收获的千粒重一般降低2.4克，每亩减产13～15千克。小麦在完熟期收获减产的主要原因，第一，小麦在蜡熟末期之后，茎秆、叶片已经枯黄，不再制造干物质，所以籽粒业已停止灌浆，而植株仍在呼吸，呼吸所需的能量来源于籽粒中存储的物质，这样导致养分倒流，小麦千粒重降低。第二，小麦生育后期常会遇到阴雨天气，不仅使籽粒内含物被淋溶，籽粒千粒重降低，也常常造成籽粒发芽，或霉烂，严重降低了小麦的产量及品质。第三，小麦在蜡熟末期，穗下节呈金黄色，并略带绿色，此时收获不易断头掉穗。若延迟收获，植株因失水过度而发脆，导致落粒掉穗现象增加，降低小麦产量，若遇暴风骤雨、冰雹侵袭，产量损失更重。

2. 预防灾害性天气，抢时收割

小麦成熟期密切关注天气变化，预报有雹灾和5级以上大风的地区，要提前收割，以免造成更大的损失。

3. 收割时要避开雨天

以免堆闷、湿捂，引起小麦变质。

# 第二章　夏玉米高产栽培技术

玉米是周口市第二大作物，也是高产作物，然而玉米平均单产却一直徘徊在400千克左右。因此，努力搞好夏玉米栽培，普及高产栽培技术非常必要，同时对提高周口市粮食产量具有十分重要的意义。

## 一、选用良种和种子处理

### （一）选用良种

选用适宜的优良玉米杂交种，在不增加其他投入的条件下，也可获得较好的收成，一般可增产30%左右，若做到良种与良法配套，增产潜力更大。不同的优良品种有不同的特征特性，因此，要使玉米获得高产，就必须根据当地的实际情况选用良种。选种原则是：高产超高产地块，要选竖叶型宜密植的增产潜力大的品种，中产田要选半竖叶型可较稀植的相对稳产的品种。目前，适宜周口市种植的高产优质竖叶型玉米品种主要有郑单958、浚单20、济单8号，浚单22、中科4号、中科11号等。

### （二）精选种子

品种优良并不等于种子质量好。种子质量的好坏，与苗全、苗齐、苗壮有直接的关系。播种前对种子进行精选，是保证苗全、苗齐、苗壮的重要措施。要对玉米种子进行粒选，选择籽粒饱满、大小均匀、颜色鲜亮、发芽率高的种子，去除秕、烂、霉、小的籽粒。

### （三）种子处理

玉米在播种前通过晒种、浸种和药剂拌种等方法，增强种子发芽势，提高发芽率，减轻病虫害，达到苗早、苗齐、苗壮的目的。

1. 晒种

将选出的种子在晴天中午摊在干燥向阳的地上或席上，晾晒2~3天。

2. 浸种

为了让玉米早出苗，一般采用冷浸和温汤方法。冷水浸种时间为12~24小时，温汤（53~55℃）一般6~12小时，也可用0.2%的磷酸二氢钾或微量元素浸种12~14小时。注意：浸过的种子要当天播种，不要过夜；在土壤干旱又无灌溉条件的情况下，不宜浸种；包衣种子不浸种。

3. 拌种

一般情况下用市场销售的拌种剂按说明书拌种即可，如有针对性可选专一农药拌种，如杀灭地下害虫每千克种子用50%辛硫磷乳油2.5毫升加水100克拌种，防治苗期茎基及根际病害每千克种子用50%多菌灵可湿性粉3克加水100克拌种，也可用微肥拌种，每千克种子4~5克营养素。包衣种子无须拌种。

## 二、早播技术

夏玉米早播是增产的关键措施之一。农谚有“夏玉米播种没有早，越是早播越是好”的说法。

### （一）早播的增产原因

1. 早播可以满足玉米对光、热的需求

玉米是喜温作物，同时，又是喜强光的碳四作物，在高温强光照的条件下光合强度大，合成的有机物质多，向籽粒运输的比率高。若处于18℃以下的条件下，其光合作用基本停止。只有早播才能满足玉米对光热资源的需求，保证正常成熟。

2. 早播可以发挥中晚熟杂交种的增产潜力

玉米杂交种的产量水平与杂交种的生育期呈显著正相关，在一般情况下，生育期越长的杂交种生产潜力越大，夏玉米早播，可以延长玉米的有效生长时间，以便充分发挥中晚熟杂交种的增产潜力。

3. 早播能够有效减轻病害造成的损失

玉米的大小斑病是造成夏玉米减产的主要原因，而大小斑病的发生流行则需要冷凉的气候条件，夏玉米早播，生长发育快，成熟早，能够避过玉米大小斑病适宜发生的冷凉条件，从而避免或减轻大小斑病发生流行给玉米产量造成的损失。

4. 早播可以利用自然降水规律协调玉米的生长

早播的夏玉米，在6月处于苗期，需水少，且需要蹲苗，此时降水少不影响玉米生长且对蹲苗有利。到了7月中旬，玉米进入旺盛生长期，需水量剧增，这时又适逢雨季到来，自然降水能满足玉米生长发育的需要。

### （二）早播技术

夏玉米早播的主要方法有麦垄套种和“铁茬抢种”两种，具体技术如下。

1. 麦垄套种技术

（1）适时套种

“玉米套种能增产，关键技术是时间。”套种过早，玉米苗与小麦的共生时间长，玉米苗在麦棵下得不到充足的光照和水肥供应，容易形成“小老苗”，且在收麦时常把玉米苗弄断造成缺苗；套种过晚，起不到早播的应有作用。因此，适时套种是套种增产的关键。具体套种时间，应根据玉米的品种特性和土壤肥力、小麦的长势来确定，一般在麦收前的 7 ~ 15 天套种比较适宜。

（2）足墒套种

套种玉米能否实现一播全苗，是套种成败的关键。麦垄套种玉米，往往因不能实现一播全苗而失败，造成套种玉米苗不全的重要原因是播种时土壤墒情较差。因此，在套种前要适时浇好玉米底墒水，若此时浇水确有困难，也可先套种后浇水，即在套种以后立即浇水。

（3）麦收后的早管

麦垄套种的玉米苗一般都生长较弱，在麦收以后必须立即进行早管，即要早间苗、早定苗、早中耕灭茬、早追肥浇水，促弱转壮，为高产奠定基础。

2. “铁茬播种”技术

所谓“铁茬播种”，就是在麦收后不进行耕翻整地，就把玉米种子种到麦茬行中间的播种方法。此方法为现阶段最科学的先进技术。“铁茬播种”要做到以下几步。

①麦收后立即趁墒抢种，足墒下种；墒情不足时，播种后浇蒙头水。

②无论开沟条播或开穴点种，都要保证播种深浅一致，覆土严密、厚薄均匀，出苗齐全。播深 5 厘米左右，点播每穴 1 ~ 2 粒。

③出苗后立即灭茬松土保墒，为幼苗根系生长创造良好的环境条件。

(三) 合理密植与种植方式

1. 合理密植的原因

(1) 充分利用光能

挖掘玉米增产潜力的根本途径是充分利用光能。玉米单产一般随着种植密度的增加而提高，但也并不是种植密度越大产量越高，若种植密度过大，株间通风透光不良，合成的有机物虽然较多，但呼吸消耗的也较多。

(2) 充分利用地力

合理密植，植株在地里分布比较匀称，能较多的吸收利用土壤中的水分和养分，使其充分发挥作用，并制造和积累较多的有机物质，达到增加玉米经济产量的目的。

(3) 协调和统一产量构成因素间的矛盾

玉米的产量是由单位土地面积上的有效穗数、穗粒数和粒重构成的，在一般情况下随着单位面积穗数的增加，穗粒数和粒重降低。在合理密植的情况下，穗数增加获得的效益大于穗粒数和粒重降低的损失，产量构成因素相对协调，进而能获得高产。

2. 合理密植的原则

玉米的合理密度受气候、肥水、品种特性的影响，目前，平原地区夏玉米种植的密度范围在每亩3 000～6 000株，其合理密植的原则如下。

(1) 肥地易密，瘦地易稀

以生产籽粒为目的的玉米，与小麦、水稻不同，它不发生分蘖，自身的群体调节能力低，其单位面积穗数不会因土壤的肥沃程度大幅度变动，在高水肥地就应以增加种植密度来挖掘土地的增产潜力；在土壤肥力差的地块，要保证玉米生长发育对水肥的需求，以便玉米生长良好，就应适当减少种植密度。

（2）株形紧凑的品种宜密，株形松散的品种宜稀

株形紧凑、叶片上举的品种，适宜的叶面积系数较大，消光系数小，适宜密植，种植的密度宜大些；反之，宜小些。

（3）早播宜稀，晚播宜密

夏玉米播种早的，一般利用的是植株较高大的中晚熟杂交种，宜稀；反之，宜密。

3. 种植方式

种植方式指的是玉米植株在田间株行距的配置情况。

（1）等行距种植

就是田间玉米种植的行距都相等，其株距随种植密度大小而定。

（2）宽窄行种植

又称大小行种植，一般宽行距 80 ~ 90 厘米，窄行距 40 ~ 60 厘米，株距随密度而定。

4. 苗期管理

（1）苗期生育特点和管理主攻方向

玉米苗期，一般指的是从播种出苗到拔节所经历的时期。这一时期，夏玉米一般为 25 天左右。此期是玉米的营养生长阶段，田间管理的主攻方向是在保证苗全的基础上，促根系、育壮苗，为穗期的健壮生长奠定基础。

（2）管理内容与技术

①查苗补苗：玉米播种以后，常因种子质量或播种质量不高，或墒情差及虫、鼠为害等原因造成缺苗断垄，因此，在出苗后及时进行查苗补苗就显得尤为重要。断垄时要补苗，时间越早越好，补晚了，补的苗生长势弱，不是抽不出穗就是授不上粉。补苗最好采取带土移栽的方法，可先用移苗器在缺苗处打个穴，而后在苗多处选壮苗，用移苗器将苗带土移栽在预先打好的穴

内，再浇足水。缺苗时，可采取留双株的方法，即在缺苗位置前后或左右留双株来补缺。

②间苗定苗：夏玉米出苗后正值高温季节，生长速度很快，若不及时间苗，幼苗拥挤，互相争夺水分、养分和光照，因此要抓紧时间进行间苗。间苗的时间一般在三叶期，当玉米苗长到五片叶时，苗的强弱已表现出来，要及时定苗。定苗时，要尽量留壮苗，拔除小苗、弱苗、病苗及受虫为害的苗，留叶片数相当、粗细和高矮一致的壮苗。定苗的时间不宜过早，过早间苗，壮苗和弱苗分不清，往往留下自交苗和弱苗，因此，“三叶间苗，五叶定苗”已成了群众的传统经验，也是夺取玉米高产的宝贵经验，应严格遵照执行。

③中耕除草灭茬：中耕能够疏松土壤，流通空气，促进土壤微生物的活动，加速土壤有机质养分的分解，提高有效养分含量，有利根系下扎，增强根系对水肥的吸收能力，确保苗壮早发，健壮生长。同时，中耕在干旱时能保墒，在土壤水分过多时能放墒，也就是群众说的“锄头上有水又有火”的道理。特别是进行麦垄套种、铁茬播种、育苗移栽这些赶时早播的玉米田，中耕灭茬除草并结合追肥显得更为重要。苗期中耕一般要进行一次，并要掌握“苗旁浅，行间深”和“头遍浅、二遍深、三遍扒土亮出根”的原则，中耕可以消灭杂草，减轻杂草对玉米的不良影响。玉米田化学除草可分为苗前化除和苗后茎叶除草，苗前化除可选用40%乙莠水胶悬剂在玉米播后芽前进行，亩用量150～200毫升对水30～50千克地面喷雾，作业时选择无风晴天，喷雾要均匀，不重喷，不漏喷。苗后茎叶处理，可亩用4%玉农乐胶悬剂75毫升茎叶定向喷雾，应注意不要喷到玉米上。

④施肥：亩产玉米500千克以上的中高产田，根据夏玉米生长发育特点及土壤条件一般需施纯氮18～24千克，纯磷6～8千克，纯钾5～8千克。施肥时坚决杜绝“一炮轰”和只施氮肥的

现象，要根据测土化验结果实行平衡配方施肥，不仅重施氮肥，而且要配合磷钾肥和微肥，依据轻施提苗肥、早施攻秆肥、重施攻穗肥，补施攻粒肥的原则，分次追施。采用分次追施较“一炮轰”、单施氮肥增产效果较为显著。

⑤蹲苗：蹲苗就是采用控制肥水、扒土晒根的方法，控制地上部生长，促进地下部根系生长，实现壮苗的技术措施。具体方法是在底肥充足、底墒较好的情况下，苗期不追肥、不浇水，而进行多次中耕，造成上干下湿的土壤环境，促根下扎，或在定苗后结合中耕，把苗四周的土扒开，使地下茎节外露，晒根 7 ~ 15 天，晒后结合追肥封土。夏玉米蹲苗一般不要超过 20 天，应在拔节前结束蹲苗。蹲苗的原则是“蹲黑不蹲黄、蹲肥不蹲瘦、蹲湿不蹲干”。

⑥偏管弱苗：在定苗以后，若田间有弱苗，这些弱苗若不早管、偏管，就会大苗欺小苗，小苗越来越弱，最后形成空棵，因此，当发现弱苗后要立即早管，对其偏施肥、偏浇水，促弱转壮，赶上其他苗，以免影响产量。

⑦虫害防治：苗期常有蝼蛄、地老虎等害虫的为害，造成缺苗断垄现象。将豆饼炒香，与甲基异柳磷、敌百虫等混拌成毒饵，在傍晚空气潮湿时撒于地面，可以有效防治地下害虫。

5. 穗期管理

（1）穗期的生育特点与主攻方向

玉米穗期指从拔节到抽出雄穗所经历的时期，夏玉米穗期一般在 30 天左右。此期田间管理的主攻方向是协调营养生长和生殖生长的矛盾，促进茎秆粗壮，争取穗大穗多。

（2）穗期管理的内容

①追肥：从拔节到抽雄，是玉米一生中对氮、磷、钾吸收量迅速增加的时期，穗期的吸收量占一生总肥量的 50% 左右，在播种后 35 ~ 40 天，株高 120 厘米时追肥，亩施复混肥 25 ~ 30 千

克，追在宽行中间，追远不追近。

②浇水：玉米穗期耗水要占其一生总耗水量的50%左右，如若干旱，对玉米的生长发育影响很大，一般此期田间持水量应保持在70%～80%，以保证对水分的需要。具体浇水时间要视土壤墒情而定，以保持田间持水量不低于70%为原则，但在一般情况下，应在大喇叭口期前浇好孕穗水。

③中耕培土：玉米拔节以后迅速进入孕穗期，此时进行中耕培土，既可消灭杂草，疏松土壤，促进根系迅速生长，扩大根系吸收水肥的范围和防止倒伏，又有利于以后浇水，但培土不宜过早和过高，过早和过高则不利于次生根的生发，对防止倒伏是没有作用的，甚至还会造成减产。培土时间以拔节以后大喇叭口期之前为好，培土高度以10厘米左右为宜。

④拔除弱苗：玉米拔节以后，大株欺小株，强株欺弱株的现象十分明显，到大喇叭口期以后，仍表现瘦弱的植株，一般是不能抽穗结实的，发现之后应立即拔除，以免与健株争水、争肥、争光。

⑤防治虫害：玉米螟是造成玉米减产的主要害虫之一，且世代交替重叠，给防治造成了一定难度，为了彻底防治，应抓住玉米小喇叭口期的防治关键时间，在7月中旬前后应用杀虫剂进行喷雾防治或点心。

6. 花粒期管理

（1）花粒期的生育特点与主攻方向

花粒期指玉米从开花到成熟所经历的时期，夏玉米该期一般经历50天左右。玉米花粒期的生育特点是营养器官基本建成并逐渐衰败，此期管理的主攻方向是养根护叶防早衰，提高光合效率增粒数增粒重。

（2）花粒期管理

①隔行（株）去雄：玉米雄穗开花散粉，将消耗掉大量养

分，去雄不仅可以节省养分，促使雌穗早吐丝、早授粉，确保结实充足，而且可以降低株高，改善叶片的光照条件，提高光合效率和抗倒伏能力，同时，去雄还能将一部分玉米螟带出田外减少为害，据试验去雄可增产10%左右。农民反映说："玉米去了头，力量大无穷，不用花本钱，产量增一成。"因此，它是一项简单易行的增产措施。其具体做法是：在雄穗刚抽出而未散粉时，选晴天10时到15时去雄，以利伤口愈合，避免病菌感染。一般采用隔行或隔株去雄的方法，地头和地边的植株不去雄，在连阴雨天和高温干旱的天气，也不必去雄，以防止花粉不足影响充分授粉而造成缺粒秃尖。

去雄一定要注意以下四点。

第一，去雄要在雄穗露出顶叶尚未散粉时，用手抽拔掉。如果去雄过早，易拔掉叶子影响生长，过晚，雄穗已开花散粉，失去去雄意义。

第二，无论去雄或剪雄，都要防止损伤叶片，去掉的雄穗要带到田外，以防隐藏在雄穗中的玉米螟继续为害果穗和茎秆。

第三，去雄要根据天气和植株的长相灵活掌握。如果天气正常，植株生长整齐，去雄可采取隔行去雄或隔株去雄的方法，去雄株数一般不超过全田株数的1/2为宜，靠地边、地头的几行不要去雄，以免影响授粉。授粉结束后，可将雄穗全部剪掉，以增加群体光照和减轻病虫害。如果碰到高温干旱或阴雨连绵天气，或植株生长不整齐时，应少去雄或不去雄，只在散粉结束后，及时剪除大田全部雄穗。

第四，去雄要注意去小株，去弱株，以便使这些小弱株能提早吐丝授粉。

②人工辅助授粉：玉米生长整齐一致，且在开花授粉时未遇连阴雨和高温干旱天气，即使田间有一半植株进行人工去雄，花粉量还是足够用的，也不必进行人工辅助授粉。但对于生长不整

齐，特别是育苗移栽的田块一定要在晴天上午露水干后进行人工辅助授粉，以提高结实率，减少缺粒秃尖。试验证明，实行人工辅助授粉一般增产10%左右。授粉可采用人工拉绳法，即用两根竹竿，在竹竿的一端拴上绳子，于9时至11时，由两人各拿一竹竿，每隔6~8行顺行前进，使绳子在雄穗顶端轻轻拉过，让花粉散落下来。授粉工作要在花粉大量开放期间，一般进行2~3次。对于部分吐丝晚的植株，如果田间花粉已经散完，无法再授粉，则应采集其他田块玉米的花粉进行授粉。

③补施粒肥：对穗期施肥量少的地块，为防早衰，可在开花散粉后每亩施入尿素5~10千克，也可用2%的尿素水溶液在晴天15时后进行叶面喷肥，每亩喷肥液30~50千克。

④浇水和排涝：玉米抽雄散粉后的20~30天内，仍处于需水高峰期，缺墒将严重影响籽粒灌浆，要在散粉结束后浇1次攻籽灌浆水。但浇水量不能太大，以防因根系缺少氧气早衰而死。此时若遇涝灾，应及时排水。

⑤去除空棵空穗：在授粉结束后，对没有授粉的植株和果穗，都要及时除去，以防争夺水分和养分，保证授粉良好的植株和果穗正常生长，做到穗大粒多籽饱。

⑥适时收获：据研究，在苞叶开始变黄的蜡熟初期，每迟收1天，亩增产10千克左右。玉米收获适期标准是苞叶松散枯黄，籽粒变硬，含水量25%左右，籽粒表面有较好的光泽，靠近胚的基部出现黑色层，即以完熟初期至完熟中期苞叶发黄后7~10天收获产量最高。同时，提倡玉米机械收获，秸秆粉碎还田，以培肥地力，避免焚烧秸秆污染环境。

# 第三章　夏大豆高产栽培技术

大豆既是粮食作物，又是油料作物，其营养价值仅次于肉、奶、蛋，蛋白质含量高达40%。大豆栽培形式多种多样，单作、间作、套作与混作并存，因地而异。在周口市多实行单作，亦有少量间作。现将大豆有关高产栽培技术介绍如下。

## 一、轮作倒茬

种植大豆应选择排灌方便、土壤肥沃、土层深厚、土质疏松、无污染、不重茬的田块。轮作倒茬是大豆的增产措施之一。连续2年以上种大豆会造成减产，一般减产30%左右并导致大豆商品品质下降。

## 二、精选良种

种植大豆要结合本地雨水条件和品种特性及土壤肥力来选择品种。目前，适合周口市种植的优质高产品种有豫豆22、豫豆29、中黄13、周豆12等。为达到苗齐、苗匀、苗壮的目的，在选用优良品种的基础上，需要对种子进行精选。将豆种中的杂籽、病籽、破籽、秕籽和杂质去除，选留籽粒饱满、大小整齐、无病虫、无杂质的种子。品种的纯度应高于98%，发芽率高于85%，净度达到98%，含水量低于13%。精选的方法有风选、筛选、粒选和机选，可视条件而定。播种前应晒种1~2天，以提高发芽势和发芽率。

## 三、合理密植

根据大豆的品种特性，科学确定种植密度，充分利用地力、光照等，发挥品种的增产潜力，夺取高产。晚熟品种宜稀，早熟品种宜密；土壤肥力高的地块宜稀，肥力中低水平宜密。生产条件好的地块，易灌溉、晚施肥的宜稀，反之宜密。周口市大豆一般应掌握在1.6万~2.5万株/亩的密度。采用宽行距种植方式（行距40厘米，株距10厘米，亩株数1.6万株）或窄行密植方式（行距20厘米，株距15厘米，亩株数2万株左右）。具体密度以品种介绍为准。

## 四、适时早播

5月下旬至6月中旬是大豆的适播期，而且播种越早产量越高。研究证明，自6月上旬起，每晚播一天，平均每亩减产1.5千克左右，自6月下旬起，每晚播1天，平均每亩减产2~4千克。择适期播种，亩播量为7.5~10千克。

## 五、田间管理

1. 查苗补苗，适时间定苗

夏大豆出苗后，应逐行查苗。凡断垄30厘米以内的，可在断垄两端留双株。凡断垄30厘米以上者，应补苗或补种。补苗越早越好，最好进行芽苗带土移栽。移栽应于下午4时后进行，栽后及时浇水，成活率可达95%以上。补种也应及早进行，对种子可浸泡催出芽后补种。大豆间苗时间宜早不宜迟，大豆齐苗后第一片复叶出现时即可进行，按照“密留稀、稀留密、不密不稀留大”的原则进行。间苗时拔去成堆、成疙瘩的苗、弱苗、病苗、小苗、其他品种的混杂苗，留壮苗、好苗，达到幼苗健壮、均匀、整齐一致。如遇干旱和病虫害严重，可先疏苗间苗，后定苗，分两次手间苗。

2. 科学追肥

（1）早施苗肥

大豆幼苗期，在第一片复叶展开时，每亩追施尿素 4～6 千克，亩施过磷酸钙 8～10 千克，或大豆专用肥 10 千克。

（2）巧施花肥

大豆在初花期追施适量大豆专用肥或复合肥，可减少花荚脱落，增产 15% 左右。一般亩施尿素 10～15 千克，在距大豆根部 5～7 厘米处开穴施入，施后盖土。如果土壤肥沃，植株生长健壮，则应少追或不追氮肥，以防徒长。基肥施磷不足时，应在此期增补，每亩施过磷酸钙 7～9 千克。河南省农业科学院在低产田上进行试验结果表明：大豆初花期追施氮磷，增产幅度高达 20%～50%。

（3）补施粒肥

大豆进入结荚鼓粒期后，进行叶面喷肥。一般每亩用 0.3% 的磷酸二氢钾液 50 千克，选择 17 时后均匀喷施于叶片，连喷 2～3 次。如果出现脱氮现象，可补氮肥，防止早衰。

（4）增施微肥

大豆缺镁，在老叶上出现灰绿色，叶脉间产生黄斑点，应喷施 0.5% 硫酸镁溶液；缺锰，在新叶上，除叶脉外，其余部分均显黄色，应喷 0.05% 的硫酸锰溶液；缺钼，幼叶呈黄绿色，向下卷曲，应喷 0.05% 的钼酸铵溶液；缺硼会影响生长发育，可分别在苗期和初花期各喷 1 次 0.2% 的硼砂溶液。

3. 中耕除草

夏大豆苗期，气温高，雨水多，幼苗矮小，不能覆盖地面，此时，田间杂草却生长很快，需及时进行中耕除草，以疏松土壤，防止草荒，促进幼苗生长。雨后或灌水后，要立即中耕，以破除土壤板结及防止水分过分蒸发，中耕可进行2～3次，需在开花前完成。花荚期间，应拔除豆田大草，同时，注意化学除草。大豆化学除草有两种方法：苗前除草、苗后除草。

①苗前除草：土壤墒情好时，可以在大豆播种后拱土前进行封闭处理。每亩用50%乙草胺乳油200～300毫升，或用90%禾耐斯100～1 500毫升加70%赛克津可湿性粉剂20～40克，或加噻吩磺隆2～3克，或加75%宝收干悬浮剂2克，或加48%广灭灵乳油50～100毫升对水30千克进行土壤喷雾。

②苗后除草：出苗后在大豆1～3片复叶、杂草2～5叶期进行防除。防除禾本科杂草，每亩用5%精喹禾灵乳油60～100毫升，或用15%精吡氟禾草灵乳油50～65毫升，或用10.8%高效吡氟氯禾灵乳油30毫升，或用6.9%威霸浓乳剂50～60毫升，或用12.5%拿扑净乳油80～100毫升，对水20～30千克喷雾。防除阔叶杂草，每亩用25%虎威、龙威、氟磺胺草醚等水剂4～6毫升，或用44%克莠灵水剂8毫升，或用24%杂草焚水剂4～6毫升，对水2千克喷雾。

4. 注意排灌

大豆播种前遇旱墒情差，浇底墒水，可保证适期播种，一播全苗。大豆幼苗期，即出苗后约半月以内，轻度干旱能促进根系下扎，起蹲苗的作用，一般不必浇水。大豆花荚期，即从开花到鼓粒的25天左右，土壤含水量低于30%时浇水，能明显提高大豆产量。大豆鼓粒期遇旱浇水，能提高百粒重。接近成熟时土壤含水量低些有利于提早成熟。

雨季注意排涝，也是夺取丰收和减少产量损失的重要措施。

5. 病虫害防治

为实现大豆高产、稳产，必须根据病虫发生规律及为害特点，结合大豆植株自身补偿能力，有效控制其为害。防治策略是：“以防为主，防治并重，突出重点，综合防治。”

（1）大豆灰斑病

大豆灰斑病又称斑点病或蛙眼病，一般在6月上中旬叶上开始发病，7月中旬进入发病盛期。豆荚从嫩荚期开始发病，鼓粒期为发病盛期，7～8月遇高温多雨年份发病重。成株期叶片病斑初呈红褐色小点，后扩展成圆形、椭圆形或不规则形，边缘褐色，中部灰褐色。主要为害叶片，严重发病时几乎所有叶片长满病斑，造成叶片过早脱落，受害减产20%～30%，同时，百粒重下降，品质降低。苗期低温多雨，发病重，常造成缺苗。成株期病害流行与降雨量、品种抗性有密切关系。

发病初期，喷洒70%甲基托布津可湿性粉剂1 000倍液，50%多菌灵可湿性粉剂，或用65%代森锌可湿性粉剂500～600倍液。药剂防治：除在播种时用70%敌克松可湿性粉剂或50%福美双可湿性粉剂按种子量的0.3%拌种外，在大豆花荚期，每亩用40%多菌灵胶悬剂150毫克，对水400千克喷雾。

（2）花叶病

大豆花叶病在叶片上呈典型的花叶症状，一般在嫩叶上花叶症状明显，而在老叶上不明显。常见的花叶症状有3种：一是重花叶型，病叶呈黄绿相间的斑驳，皱缩较严重，叶脉褐色弯曲，叶肉呈泡状突起，暗绿色，整个叶片的叶缘向后卷曲，后期叶脉坏死，植株矮化。二是皱缩花叶型，病叶呈黄绿相间的花叶而皱缩，叶片沿叶脉呈泡状突起，叶缘向下卷曲常使叶片皱缩呈歪扭的不正形，植株矮化，结荚少。三是轻花叶型，叶片生长基本正常，肉眼观察有轻微淡黄色斑驳，摘下病叶透过日光见有黄绿相间的斑驳。及时喷药灭蚜，将蚜虫消灭在点、片阶段，是防治大豆花叶病的关键。防治蚜虫的药剂每亩用10%吡虫啉可湿性粉剂20～30克对水40千克喷雾。在大豆苗期，结合铲趟及时拔除病株。

（3）大豆根结线虫病

大豆根结线虫病为土传病害，连作地块发病重，偏酸性土壤或中性土壤，沙壤土或瘠薄土壤发病重。主要为害根部，受害植株矮小，下部叶片似焦灼状，引起早期脱落，根瘤内有线虫。被害植株生长迟缓、茎叶短小而枯黄，花期推迟，荚少而小，籽粒不饱满，严重时不结荚，甚至全株枯死。防治时发病地块根茎要清除烧毁，使用过的农具要清除干净后再到无病地块使用。实行3~4年轮作，发病较重要实行5年以上轮作。重病田块可施药进行土壤处理。要求将药剂施于表层20厘米的土壤中，与种子分层施用。每亩可用0.1%甲维盐颗粒剂3千克，或用3%克线磷颗粒剂5千克，或用10%涕灭威颗粒剂2.5~5千克。

（4）大豆立枯病

大豆立枯病俗称“死棵”、“猝倒”。病害严重年份，轻病田死株率在5%~10%，重病田死株率达30%以上，个别田块甚至全部死光，造成绝收。大豆立枯病仅在苗期发生，幼苗和幼株主根及近地面茎基部出现红褐色稍凹陷的病斑，皮层开裂呈溃疡状。

该病连作发病重，轮作发病轻。湿度大、地下害虫多、土质瘠薄、缺肥和大豆长势差的田块发病重。发病初期开始喷洒下列药剂：40%三乙膦酸铝可湿性粉剂200倍液；70%乙磷·锰锌可湿性粉剂500倍液；58%甲霜灵·锰锌可湿性粉剂500倍液；69%安克锰锌可湿性粉剂1 000倍液，隔10天左右喷施1次，连续防治2~3次，并做到喷匀喷足。

（5）大豆紫斑病

大豆紫斑病多雨年份发生较重。该病主要为害豆荚和豆粒，也可为害茎叶。叶片发病，先出现紫红色圆形小斑，以后形成多角形病斑，潮湿时病斑两面密生灰色霉层，以背面为多。种子上的病斑最明显，发病轻的在种脐周围形成淡紫色斑块，严重的整个种子变成深紫色，并伴有裂纹。大豆生长期防治该病，应在蕾期、开花初期、结荚期、嫩荚期各喷药1次。药剂可用50%福美双（500~800倍液）或50%多菌灵可湿性粉剂（800倍液）或70%甲基托布津可湿性粉剂（1 000倍液）。田间管理上做好排涝降渍工作，避免田间积水。

（6）豆天蛾

豆天蛾主要寄主为大豆，雨水对豆天蛾的发生影响很大，若6~8月雨量适中，分布均匀，利于发生；但雨水过多，发生期推迟，过于干旱对其发生也不利。对于豆天蛾，掌握幼虫三龄前施药。用50%辛硫磷乳油1 000~1 500倍液，或用5%高效氯氰菊酯乳油3 000~4 000倍液喷雾。

（7）大豆造桥虫

该虫每年发生3代，成虫多昼伏夜出，趋光性较强。成虫多在植株茂密的豆田内产卵，卵多产在豆株中上部叶背面。幼虫多在夜间为害，白天不大活动。初龄幼虫多隐蔽在叶背面食叶，幼虫三龄后主要为害上部叶片。幼虫二至三龄期为施药适期。从成虫始发期开始，用黑光灯诱杀，在幼虫三龄以前，百株有幼虫50头时，用5%的高效氯氰菊酯乳油2 000倍液均匀喷雾防治。

（8）大豆蚜虫

大豆蚜虫多集中在大豆的生长点、顶叶、幼嫩叶背面，刺吸汁液为害。造成叶片卷曲、植株矮化、降低产量，还可传播病毒病，造成减产和品质下降。此虫6月中下旬开始在豆田出现，高温干旱时为害严重。大豆蚜虫全年迁飞扩散有4次高峰：第1次在大豆苗期，第2次在6月上旬，第3次在7月中旬，第4次在9月上旬。一般应在7月上旬进行防治最为适宜。防治时，及时铲除田边、沟边、塘边杂草，减少虫源；利用瓢虫、草蛉、食蚜蝇、小花蝽、烟蚜茧蜂、菜蚜茧蜂、蚜小蜂等控制蚜虫。进行药剂防治时，可选用50%抗蚜威可湿性粉剂1 500倍液、5%增效抗蚜威液剂2 000倍液，也可用10%吡虫啉（扑虱蚜、虱蚜净等）可湿性粉剂20～30克对水40千克喷雾。

6. 及时收获

大豆有40%的叶片尚未脱落的黄熟期到完熟期之间，为人工收割最佳时期。此时有摇铃的响声，籽粒已经全部归圆，茎呈黄褐色。收割过早，籽粒尚未充分成熟，干物质积累还在进行，将严重影响百粒重，并降低脂肪含量。收获过晚，干旱天气容易炸荚，造成损失。收获时要做到割茬低，不留荚，放铺规整，及时拉打，损失率不超过2%。

大豆叶片全部落净，豆粒归圆时要采用机械联合收割。机械收割以不留底荚为准，割茬一般5厘米。要求收割损失率小于1%，脱粒损失率小于2%，破损粒不超过3%。

无论人工收割或机械收割，主要把好“五关”。

①收获关：适时收获，既不能过早，也不能过晚。

②割茬关：割茬适当，既不高，也不低，比较适中，恰到好处。

③完整关：机械收割保证刀片锋利；人工收获刀要磨快，减少损失。

④清洁关：充分利用晴天地干时机，突击抢收，防止泥花脸，提高清洁度。

⑤标准关：坚持质量标准，达到质量要求，提高等级。

# 第四章　麦套花生高产栽培技术

## 一、品种选择

选用早熟、高产、优质品种是夺取麦套花生高产高效的重要条件。麦垄套播花生可选用适应性广、开花结果比较集中、果皮薄、饱果率和出籽率、含油率较高的品种。目前，周口市花生主推品种有豫花 9327、豫花 9326、豫花 9502、豫花 9719、开农 49、开农 53、开农 61、濮科花 7 号、濮科花 8 号、商研 9658、商研 9938、花育 19 号、花育 33 号等优良品种。

## 二、种子处理

1. 晒种

晒种提倡带壳晒种，播种前 5 ~ 10 天晒种 2 ~ 3 天。晒种既能利用日光杀死种子表皮上携带的病菌，又能降低花生种子含水量，提高发芽率，使花生提前出土 1 ~ 2 天。种仁晾晒时，一定要注意不要伤及果皮，选择晴朗的上午，在土地上（杜绝在沥青或水泥面）铺一层塑料布进行晾晒。天气好、气温高，晒 1 天就可以，次日即可播种。

2. 种子分级

剥壳后选择色泽新鲜、粒大饱满、无霉变伤残的籽仁，要按照籽粒的大小进行分级粒选，分级播种，避免混粒播种出现大苗欺小苗的现象。

3. 剥壳

花生剥壳不宜太早。因剥壳后的种子容易吸收水分，增强呼吸作用，加快酶的活动，促进物质转化，消耗大量的养分，降低发芽能力。因此，花生的剥壳时间离播种期越近越好。

4. 发芽试验

发芽试验是各种农作物播种前必须进行的程序之一。通过发芽试验，可以减少浪费，可以预知花生的种用价值，对基本上丧失发芽功能的种子另作他用；对发芽率偏低的种子可采取浸种催芽或适当增加播种量等方法加以弥补。

5. 拌种

近年来，周口市花生青枯病、根腐病、茎腐病等病害在花生主产区连作的田块发生严重，许多农民不知道提前预防，而是等到病害发生时，才开始施药防治，防治效果极不理想，又增加了生产投入。而采用药剂拌种是一种投资小，防治效果又较为理想的方法。用50%多菌灵可湿性粉剂0.5千克拌50千克种仁，或用2.5%适乐时种衣剂20克对水0.35千克拌种15~20千克，晾干后播种，也可用花生专用拌种剂拌种，可有效防治花生根腐病、茎腐病等土传病害及地下害虫。

## 三、适时下种

播种时间一般以麦收前10~15天套种为宜，套种过早，花生基部节间细长，侧枝不发达，根系弱，基部花芽分化少。套种过晚，全生育期有效积温不够，后期荚果饱满度差。花生播种前，若墒情不足，应及时浇水，保证足墒下种，一播全苗。

## 四、合理密植

花生套种密度要根据所选择品种的特征特性、土壤肥力、栽培条件等因素来决定。种植的原则是：“肥地宜稀、薄地宜密；株型松散宜稀，株型紧凑宜密；大果型宜稀，小果型宜密。”提倡单穴双粒，适当增加密度。中等肥力地块9 000穴/亩左右，高等肥力地块11 000穴/亩左右，可根据品种类型和土壤肥力酌情增减。

套种花生的行距以小麦麦垄宽窄而定，采用等行距种植方式，行距40～42厘米，穴距20厘米，9 000穴/亩左右，每穴2粒；采用宽窄行种植方式，即套种两行花生空出一行，宽行行距44～50厘米，窄行行距20～23厘米，穴距20厘米，11 000穴/亩左右，每穴2粒。播种深度一般以5厘米左右为宜。如土质偏黏、墒情好的可适当浅播，反之则应适当深播，注意浅播不能浅于3厘米。

## 五、田间管理

1. 中耕灭茬，平衡施肥

麦收后要及时查苗，连续缺穴2墩以上的，要及时补苗，使单位面积苗数达到计划要求的数量，这项工作一般在出苗后3～5天进行，补苗措施主要有以下3种：①贴芽补苗：在花生田的田头地角或其他空地种植一些花生，待子叶顶出土面尚未张开时将芽起了，移栽到田间缺穴处。用与田间苗龄相近的备用幼苗，补种于缺苗的播种穴，增产效果优于补种浸种或催芽的种子。②育苗移栽：选择一块空地或田边地角，用报纸做直径3～4厘米的营养杯，杯中装上营养土，每杯种2粒备用花生种子，待幼苗长了2~3片真叶时，选择阴雨天或傍晚进行移栽。③催芽补种：上述2种方法费工较多，而且育苗数量不容易掌握，数量过多浪费种子，数量过少，又不能满足补栽之用，为了节省用工，也可将种子催芽后直接补种。

花生与小麦共生期间，由于花生在下层缺少阳光，易造成幼苗脚高脆弱，叶色发黄，麦收后要及早进行中耕灭茬，锄草保墒。由于麦套花生一般不施底肥，结合中耕灭茬、浇水，尽早追施苗肥，起到苗肥花用的作用。亩施尿素15~20千克、过磷酸钙30~40千克或45%花生专用复合肥35~40千克。追肥时间以6月10日前为宜，追肥过晚，起不到提苗的作用，且易引起花生徒长。有条件的还可亩施有机肥1 000~1 500千克，石膏粉15~20千克/亩（碱性土壤不施）。花生生育中期对养分的吸收达到高峰，应视植株长相酌情追肥。一般每亩追施尿素10千克、过磷酸钙10~15千克或45%花生专用复合肥15~20千克。因雨水过大引起的花生缺铁，花生苗黄，可用0.2%硫酸亚铁水溶液叶面喷施，每7天喷1次，连喷3次。

2. 化学除草

周口市花生田内主要杂草有：禾本科类为马唐、狗尾草、稗草、牛筋草等；阔叶类为铁苋菜、马齿苋、苣荬菜、刺儿菜等。花生生长季节，温度高、水分充足，杂草混合发生，密度高、生长快，与花生争肥争水，引起草害，造成花生减产。对田间杂草要进行化学除草或人工拔除。化学除草可在中耕灭茬覆膜前采用苗后茎叶处理的方法：①禾本科杂草：用10.8%高效盖草能乳油40~60毫升/亩，对水15~30千克喷雾。也可用5%精禾草克乳油或5%快锄乳油或5%草通灵乳油60~80毫升/亩，对水35~50千克喷雾。天气干燥，土壤墒情较差，草龄较大时应适当加大用量。②阔叶杂草：阔叶类杂草在花生3个复叶前，杂草2~5叶期，即大多数杂草出齐时施用24%克阔乐乳油26~33毫升/亩，对水30千克喷雾。

使用除草剂要详细阅读外包装使用说明并遵照使用，喷药时一定要适期防治、准确用药、均匀喷雾、防止重喷、漏喷，以免作物出现药害。若出现药害，应立即采取急救措施，喷洒赤霉素（九二〇）、细胞分裂素等进行解毒。

3. 及早覆膜

对地膜夏花生来说，一般采用先中耕灭茬除草后盖膜的方法比较科学，即麦收后及早对花生田先中耕灭茬再喷施除草剂，然后及时覆膜，一般在6月10日前完成。采取边盖膜，边打孔破膜放苗，随后用土把膜孔压严盖实。这种方法可以有效地解决因高温引起的烧苗问题，还可以避免由于墒情不足引起的叶片失水落干现象。地膜覆盖行数可根据地膜宽窄而定，一般采取双行覆盖，便于花生中后期追肥施药。麦垄套种地膜覆盖花生具有明显的增产作用。

4. 防旱排涝

花生是耐旱怕涝作物，如果底墒充足，苗期一般不浇水。但花荚期是水分临界期，对水分非常敏感。灭茬中耕后，要及时整理排灌系统，以防干旱和雨涝。初花期土壤墒情不足时，要及时浇水，以小水润浇或沟浇为宜。若7～8月久旱无雨，应及时灌水润墒，确保花荚正常生育。雨季积水应及时排涝。

5. 合理化控

花生生长期间高温高湿，对有旺长趋势的地块，当花生主茎高度到30～35厘米（中低肥力）或35～40厘米（高肥力）时，每亩用5%烯效唑40～50克可湿性粉剂，加水35～40千克进行叶面喷施，以提高结实率和饱果率。

6. 叶面追肥，预防早衰

花生进行叶面喷肥，具有吸收利用率高、省肥、增产效果显著等优点。特别是花生生长发育后期叶面喷施氮肥，花生的吸收利用率达到 50% 以上，叶面喷施磷肥，可以很快运转到荚果，促进荚果充实饱满。花生盛花期可亩叶面喷施 2% ~3% 的过磷酸钙澄清液 40 千克；花生生长后期每亩钼酸铵 25 克、硼砂 50 克、尿素 350 克、磷酸二氢钾 120 克，先用温水化开，一起加入 50 千克清水中溶解，均匀喷洒，连喷 2 次，每次间隔 10 ~ 15 天。

7. 防病治虫

苗期用 50% 多菌灵 1 000倍液防治根腐病、茎腐病；7 月中旬用 50% 多菌灵 1 000倍液（每亩 50 克对水 30 千克）或 75% 百菌清 700 倍液或 70% 甲基托布津 800 倍液（每亩 60 克对水 30 千克）防治叶斑病、锈病、网斑病，喷施 2 ~3 次，每次间隔 7 ~ 10 天。对地下害虫可于播种时用 5% 辛硫磷颗粒剂 2.5 ~3 千克加细土 15 ~20 千克，拌匀撒施进行防治。7 月中下旬蛴螬卵孵化盛期是防治的关键时期，亩用 40% 辛硫磷乳油 500 毫升随水冲施。蚜虫、蓟马为害严重时，可喷施 10% 吡虫啉 1 000 ~1 500 倍液防治。花期防治棉铃虫和造桥虫，可喷洒 40% 辛硫磷乳油 1 000 ~1 500倍液。

8. 适时收获

当植株长相衰退，顶端停止生长，下部叶片干枯开始脱落，花生 70% 荚果饱满，网纹清晰，果壳变硬变薄，外观具有本品种的固有特征时，表明已经成熟。花生成熟后要及时收获，避免出现落果、烂果、霉果和发芽果的现象，同时，要抢时晾晒，安全贮藏，防止霉变和黄曲霉素污染，真正达到丰产丰收。

## 六、花生植物生长调节剂的应用技术

为使花生增产增收，提高品质，植物生长调节剂被广泛应用于花生栽培，并取得明显效果，应用于花生生育期的生长调节剂有促进花生生长、抑制花生生长、改变种子休眠、改进花生品质等作用。无论应用何种类型的生长调节剂，都要严格掌握其浓度、用量、处理部位和应用时间，谨防药害。常用的植物生长调节剂在花生上的功能和应用如下。

1. 常用植物生长调节剂

（1）$B_9$

$B_9$ 是一种人工合成的植物生长延缓剂，适用于植株生长旺盛的高产田，应用 $B_9$ 已成为创造花生高产的一项重要措施。它能控制花生茎叶生长，适宜在下针期施用，使植株矮化，使花生叶片加厚，提高叶绿素含量，降低碳素同化产物在茎叶的分配率，提高碳素同化物在荚果中的分配率，促进光合作用向果实转化，促进荚果发育成熟饱满，提高饱果率和出仁率，提高产量15%左右，一般每亩用量为 25～50 克，浓度为 1 000～1 500 毫克/千克，在花生盛花期喷洒第 1 次，间隔 1 周喷洒第 2 次，一般不超过 2 次，可控制高水肥、高密度田块花生的徒长。

（2）多效唑

多效唑是一种新型植物生长延缓剂，与比久（$B_9$）的功效相似，抑制生长效力较强。使用观察发现，多效唑对花生叶斑病和根腐病有抑制作用，浓度过大易造成花生早衰，应严格控制用量，最好与追肥同时进行，能起到上控下促防止早衰的作用。可有效控制茎枝生长，使叶片增厚，叶色加深，增强光合能力，开花早而集中，结果多，饱果率高。一般可增产 20% 左右。利用多效唑控制花生旺长，适宜在盛花期施用，以叶面喷施为主，在盛花中、后期喷施为宜，喷洒浓度 50～150 毫克/千克，多效唑对花生生长抑制力强，浓度宜小不宜大，浓度过大，对花生抑制过重，荚果变形变小，导致减产。两次喷药时间应间隔 10 天左右。中低产田块不宜施用。

（3）烯效唑

烯效唑对花生徒长有明显的控制作用。能抑制茎枝生长，促进侧枝分化，增强光合作用，增加单株果数，提高饱果率，具有增产作用。试验表明，利用烯效唑控制花生旺长，以叶面喷施为宜，浓度掌握在50%烯效唑乳剂50～70毫克/千克，适宜在开花下针期喷施。烯效唑对花生的有效控制在10天以内，见效快，残效期短。

（4）缩节胺

缩节胺具有明显抑制花生主茎生长，促进分枝的作用。适宜在下针期和结荚初期施用。在高产栽培中，用于控制花生徒长，可在结荚期进行叶片喷施，浓度以100～150毫克/千克为宜。可提高花生根系活力，增加荚果重量，改善品质，间隔2周左右，喷施2次效果最好。

（5）矮壮素

矮壮素可以抑制植物细胞生长，使植株变矮，茎秆粗壮，节间缩短，增强抗倒伏能力。在花生生长过旺地块于盛花期喷施，浓度以2 000～5 000毫克/千克为宜。一般田块不宜应用。

（6）赤霉素（九二〇）

在中等偏下肥力和不发苗的花生田施用，使主茎和侧枝明显增高，分枝数目增多，高节位果针显著延长，果针入土率、结实率和饱果率提高。增产率为10%～20%。可采用浸种和花期喷施两种使用方式。前者将种子先入清水浸2～3小时，再转到30～40毫克/千克药液中浸1～2小时，晾干播种。后者是在初花与盛花期各喷1次30～40毫克/千克药液。

（7）三十烷醇

主要促进植株体碳氮代谢，提高光合强度，增加干物质积累而增加产量，增产率为8%～13%。施用方法为：浓度为0.5～1毫克/千克药液浸种4小时后播种，或幼苗期1毫克/千克药液，盛花期 0.5 ~1 毫克/千克药液喷施，可增加结荚率，提高百粒重。

2. 植物生长调节剂的配制技术

植物生长调节剂一般在产品说明书上都标明产品的使用方法，这里就常用产品中的配制与浓度作一介绍，便于参考使用。

（1）$B_9$ 的配制

称取 $B_9$ 2 克，在小烧杯中加入少量热水，然后再加入 $B_9$，搅拌至溶解。如不能全部溶解可略加热或再加少量热水不断搅拌至全部溶解，加水稀释至 500 毫升，即为 4 000毫克/千克的 $B_9$ 的原液。

（2）赤霉素（九二〇）的配制

称取赤霉素粉剂 0.2 克，放入小烧杯中，加入少量 95% 酒精或 60 度烧酒，搅拌至完全溶解，加水稀释至 200 毫升，即成为 1 000毫克/升的赤霉素溶液。

（3）矮壮素的配制

量取 50% 矮壮素药液 100 毫升，溶于 50 升水中，即为 500 毫克/千克矮壮素溶液。

## 七、花生几种主要病害的识别与防治技术

1. 花生冠腐病

发病症状：生活力较弱的种子在出土前即可受侵染而腐烂。受感染的幼苗和植株，最初表现为失水状态，先失去光泽，随后叶缘微卷，植株枯萎。冠部感染后，最初在表皮呈水浸状褐色斑，很快长满松软的黑色霉层，即病菌的分生孢子梗和分生孢子。病斑迅速扩大，根茎部腐烂，表皮破裂，露出丝状维管束。病株拔起时易断，断口在茎冠部分。

侵染途径、发病条件及规律：种子本身带菌，在土壤中也广

泛存在该病的病菌。高温、多湿地块及耕作粗放、长年连作地块发病重。种子质量差、幼苗弱也易感病。蔓生种花生较直生种抗病。

防治方法：①轮作换茬。②播前药剂浸种、拌种。③选用饱满、健壮种子，播前晒种，采用精细整地、适时播种等措施培育壮苗，均能有效地控制病害发生。

2. 花生茎腐病

发病症状：苗期茎基部先长出黄褐色水渍状斑，逐渐向四周发展，最后呈黑褐色，组织腐烂，表皮破裂，潮湿时病部密生小黑点，即病菌的分生孢子，而地上部则逐渐枯萎。干燥情况下，发病组织表皮干燥无光泽，干瘪状，纵向凹陷，紧贴茎组织，揭开表皮内部呈纤维状，拔起病株时常从茎基处断裂。

成株期地上部的主茎和侧茎感病，初期呈黄褐色水浸状斑，逐渐向上下扩展，造成茎部黑褐色枯死斑，主、侧枝陆续枯死，病部密生小黑点。有时病部以上部分枝条枯死，病部以下仍存活，但最终仍向下发展致全株枯死。

侵染途径、发病条件及规律：茎腐病主要以种子带菌为主，病菌以菌丝在种子上，或以菌丝和分生孢子器在病残株中越冬。在土壤中能存活多年，雨水、风、耕作工具和混有病残株的土杂肥等均能传病。收获后未能充分晒干就堆放时，种子带病率高，致使第二年苗期发病重。土壤湿度变化剧烈，或气候干旱，土表温度高，植株易受烧伤，病菌容易侵入，发病重，因此沙土、红壤土地发病相对重些。早播病重，连作地发病重。栽培管理好、土质好的发病轻。不同品种抗病性能有明显差异。

防治方法：①及时收获，贮藏前要充分晒干，严防贮藏时因潮湿霉变。②合理轮作换茬，加强栽培管理，深耕深翻，清沟排水，增强植株抗病力。③播前晒种、选种，不用霉变、质量差的种子，做好种子消毒，用 50% 多菌灵可湿性粉剂按种子量

0.3% ~0.5%进行药剂拌种，或用0.5% ~1%多菌灵浸种。

3. 花生根腐病

发病症状：主要为害花生根部，初期根部有褐色水浸状病斑，此后全根腐烂变黑，无侧根或侧根很少，呈“鼠尾状”，地上部分叶色发黄，生长矮小，叶片常合拢不张开，以后叶柄下垂，渐趋枯萎，以至死亡。天气潮湿时在病部上面靠近地面处又长出新的不定根，以维持生命，但植株生长不良，结果很少。

侵染途径、发病条件及规律：病菌在土壤及病残株和种子上越冬成为第二年的初侵染源。田间主要以孢子靠气流、风雨、昆虫等传播。条件适宜时，分生孢子萌发产生芽管，从根茎部伤口或根的尖端直接侵入，引起植株发病，导致植株枯萎死亡。土壤黏重、排水不良田块发病重。

防治方法：①加强栽培管理：合理轮作，深翻土地，清沟排水。②播前晒种，严格选种。③用50%多菌灵可湿性粉剂按种子量0.3% ~0.5%进行药剂拌种，或用0.5% ~1%多菌灵溶液浸种24小时。④发病初期用50%多菌灵可湿性粉剂1 000倍液全田喷雾。

4. 花生青枯病

发病症状：一般在开花期开始发生，开花结荚时发病最严重。地上部分，顶梢第二片叶在中午首先呈现凋萎，早、晚尚能恢复，逐渐加重至不能恢复。在几天之内，全株叶片急剧凋萎下垂，呈青枯状。从发病至植株枯死一般10天左右。发病初期，病株根茎部外表完好，但主根尖端首先发生腐烂变褐，病株拔起常连主根一起拔出，以后逐渐向上发展，最后全根腐烂。

侵染途径、发病条件及规律：病原细菌在土壤中越冬，在土中能存活5~8年，为侵染的主要来源。病土、流水、农具、带病菌的土杂肥等均能传病。病菌从花生根部的伤口，或气孔、水孔侵入，中耕除草伤根后易促使发病。病菌不耐旱，不耐水淹，病菌发育的适宜温度为34℃，土壤5厘米处地温稳定在25℃以上即可发病。高温多湿有利于病菌繁殖传播，久旱后多雨发病重。粗沙地发病最重，泥质地发病最少，新垦地、土质好的农田发病轻。品种间抗病性有差异，蔓生品种较直生品种抗病。

防治方法：①选用抗病品种。②彻底清除田间病残株，改良土壤、增施有机肥和磷、钾肥，促使植株生长健壮，增强抵抗力。③在花生种植前进行泡水漫灌，造成土壤中的厌气条件，可明显减轻病害。

5. 花生褐斑病和黑斑病

发病症状：两种病害都为害花生叶片、叶柄及茎部。褐斑病发病较早，一般在初花期开始发病。初期在叶片正面发生失绿的灰色小点，很快扩大，致中央组织坏死。病斑呈不规则圆形，棕色至暗褐色，病斑边缘正面呈橘红色，反面较浅，呈浅褐色，初期就有明显的黄色晕圈。叶柄和茎部病斑呈长椭圆形，暗褐色。黑斑病发病较晚，一般在盛花期开始发病。初期叶面上生锈色小斑点，病斑渐渐扩大为圆形，颜色较褐斑病为深，正反面均为深褐色或黑色，有轮纹，上生黑霉状物即为病原菌的分生孢子梗和分生孢子。初生病斑无晕圈，但老病斑的正面也略有黄色晕圈。

侵染途径、发病条件及规律：病菌主要以分生孢子座及分生孢子在病残茎叶中越冬，黑斑病菌尚能以子囊阶段在枯枝、叶上越冬，分生孢子亦可附着于种子，尤其是在种壳上越冬。生长期则以分生孢子借风雨或昆虫传播重复侵染。病菌发育最适宜温度为25~28℃。夏秋高温多雨有利于病菌的繁殖和传播，特别是7~8月间多雨时期发病较重。褐斑病菌对温度的适应幅度较大，且较黑斑病菌能耐低温，因此，褐斑病发生往往较黑斑病早。生长衰老、分枝稀少、通风透光的植株一般产生黑斑病；植株底部少见阳光、柔嫩多汁的叶片及肥料充足、枝叶茂盛、叶身浓绿肥厚的叶片褐斑病多。褐斑病和黑斑病在高温、高湿条件下，发生严重，高温多雨的 7～8 月是防治叶斑病的重点时期。品种间抗病性有差异，直生型品种较抗病。

防治方法：①合理轮作换茬：清除病残株叶，深翻土地。②用无病种子，并进行种子处理。可用 1.5% 硫酸铜浸种 1 小时，或用 40% 甲醛 400 倍液浸种 4 小时，浸种后均用清水洗净。③发病初期可喷洒 1：1：200 波尔多液，或用 1% 硫酸亚铁石灰溶液，或用 50% 多菌灵可湿性粉剂 1 000倍液，或用 70% 代森锰锌可湿性粉剂 800 倍液，或用 80% 代森锌可湿性粉剂 600 倍液，或用 75% 百菌清可湿性粉剂 600～800 倍液进行防治，间隔 7～10 天，防治 2～3 次。

6. 花生锈病

发病症状：花生的叶、叶柄、托叶、茎、果柄和荚均可受害。病害由下部叶片逐渐向上部叶片发展。首先在叶背出现针尖大小的白斑，以后叶背病斑变淡黄色，圆形，逐渐隆起变褐，表皮破裂，散生锈褐色粉末，即为病菌的夏孢子堆和夏孢子。叶正面初为黄色小点，以后逐渐发展为黄色，接着变为褐色的斑，周围有不明显而又窄的黄色晕圈，最后叶正面亦生孢子堆，但比叶背的小。随孢子堆增多，叶色变黄，最后干枯脱落，全株枯死，成片枯死，远望如火烧状。托叶上夏孢子堆较叶片上大，叶柄、茎、果柄上夏孢子堆呈椭圆形，荚果上孢子呈圆形或椭圆形。

侵染途径、发病条件及规律：以夏孢子侵染循环，国内尚未发现冬孢子阶段。广东等南方各省初侵染源有本地菌源及外来菌源，北方各栽培区的初侵染源主要来自南方。一年四季不同播种期上的花生锈病可辗转传播。夏孢子发芽最适温度为 20℃。雨水多，相对湿度高，发病重。过度密植，植株生长太繁茂，以致田间过于郁闭、通风以及排水不良等原因，使田间湿度过大，均易导致锈病严重为害。一般连作田发病重，水田比旱田发病重，增施磷钾肥发病轻。品种间的抗病性也有差异。

防治方法：①种植抗病品种：收获后及时处理病残株。②深翻土地，改良土壤、增施土杂肥和磷、钾、钙肥，高畦深沟，清沟排水，可提高植株抗病力。③发病初期用 1∶2∶200 波尔多液，或用 95% 敌磺钠可溶性粉剂对水适量，或用 75% 百菌清可湿性粉剂 600 倍液，或用 25% 粉锈宁可湿性粉剂 500 倍液全田喷药防治。

# 第五章　夏芝麻优质高产栽培技术

## 一、选地及整地

芝麻种植的土壤应是地势高燥、土层深厚、土质松软、土壤肥沃，富含磷、钾和其他营养元素，保水保肥，水肥协调，排灌方便。

芝麻可以单作，也可以与其他矮秆作物间作。周口市芝麻多以单作。芝麻比较耐旱，而豆类比较耐湿，芝麻与豆类混作有利于旱涝保收。种植芝麻，绝对不许连茬，其原因：一是芝麻连茬种植会使病害加重。在芝麻生产过程中，许多致病的病原菌如茎点枯病、青枯病、疫病等，都是在芝麻收割后，残留在土壤中越冬的。如果第二年重茬种植芝麻，这些病原菌就会成为重茬芝麻的侵染来源。若重茬时间越长，土壤中的病原菌就会越多，芝麻的病害也就会越来越严重。受病害侵染，芝麻植株会出现发育不良、单株矮小，落花少蒴等病状，严重的甚至会发生大片凋萎死亡。二是芝麻是需肥较多的作物，连茬种植会导致养分失调，打破土壤肥力平衡，造成氮、钾缺乏，芝麻产量难以提高。

芝麻种粒小，本身贮藏的养分不多，幼芽细嫩，顶土力弱。因此，为了达到一播全苗，就要求有较高的整地质量。

夏芝麻整地要突出一个“抢”字，务必争分夺秒，边收获，边整地，抢墒整地，趁墒早播，轻耙盖籽，碎土保墒。

夏芝麻整地有“犁垡”和“铁茬”两种方法。所谓“犁垡”就是前茬作物收获后，趁墒犁地，随犁随耙，耙碎、耙平、耙实，切不可晾垡，以免跑墒。夏芝麻播前整地不需深耕，通常以 20 厘米为宜。如果过深，不但会翻上生土，土块不易耙碎，而且易跑底墒，对出苗不利。耙地次数要根据土质和墒情而定，黏重土壤或墒情差、坷垃多的地块，要重耙、多耙，以将土块耙碎、耙实。墒情好或沙壤土、轻壤土之类的地块，一般用钉齿耙和圆盘耙，各耙一次即可。“犁垡”的好处在于能使土壤疏松，增加地温；透气性好，提高土壤的蓄水保肥能力；掩埋底肥，提高肥效；减少杂草，方便中耕；利于根系生长，促进地上部植株的生长发育。“铁茬”就是在前茬作物收获后，用灭茬机灭茬，再用钉齿耙或圆盘耙碎土，耙深 7～10 厘米，耙碎、耙平，然后抢墒条播。或用旋耕机旋耕碎土灭茬，或用锄深锄碎土灭茬后进行条播。也可在前茬作物收获后，不灭茬而直接条播在前茬作物行间。铁茬种芝麻的缺点是土壤因板结蓄水能力差，不但在少雨年份易干旱减产，即使在雨水比较正常的年份，也会影响植株的正常发育。

## 二、科学选种

选用芝麻品种应根据播种地区、播种时间、土壤肥力、管理水平等条件来选择适宜的品种，才能发挥芝麻品种的增产潜力。麦茬夏播芝麻应选用早熟品种，如豫芝 8 号、郑 98N09、中芝 10 号、郑 H03 号等。下面分别对它们逐一介绍。

1. 豫芝 8 号

单秆型，中早熟品种，一般无分枝，茎秆粗壮且韧性强，株高 160 厘米，叶色浓绿，花冠微红，花期长达 40 天左右；叶腋三蒴，蒴果四棱，蒴长中等，裂蒴性弱；节间较短，果轴较长；种皮白色，含油量 55.59%，生育期 87～93 天，抗倒伏，高抗茎点枯病和叶斑病，抗枯萎病。一般亩产 70～100 千克。适宜种植密度 1.0 万～1.2 万株/亩。

2. 郑 98N09

单秆型早熟品种。出苗速度快，苗期生长健壮，生长势强；叶色浓绿，中下部叶片较大，长椭圆形，缺刻小，上部叶片柳条形；株高 150～180 厘米，叶腋三花，花白色，基部微红；蒴果四棱，单株成蒴数 77.86 个；高抗茎点枯病和枯萎病。含油量 54.83%，蛋白质含量 21.49%。一般亩产 60～70 千克。适宜种植密度 0.8 万～1.0 万株/亩。

3. 中芝 10 号

本品种为分枝型，每叶腋三花，蒴果四棱。株高 150 厘米。植株粗壮，生长整齐，苗期健壮，开花较迟，花期集中，成熟一致。成熟时茎、果呈黄色，不易裂蒴。种皮洁白，含油量 56%，蛋白质含量 23.58%。全生育期 95 天。耐旱、耐渍性强，保苗率高。抗茎点枯病和枯萎病。平均亩产 60～70 千克。适宜种植密度 0.6 万～0.7 万株/亩。

4. 郑 H03

该品种属中熟品种。生育期 90～95 天，株高 180～200 厘米，单秆型，茎秆坚硬，抗倒伏，不早衰，稳产性好。高抗枯萎病、茎点枯病，耐渍性好。子粒纯白，含油量 59.94%。平均亩产 120 千克。适宜种植密度 0.8 万～1.2 万株/亩。

## 三、播前准备

芝麻播种前，要根据当地的气候条件、土质、土壤肥力等，选留或引种适宜当地栽培的优良芝麻品种，并依据纯度高、籽粒饱满、发芽率高、无病虫和无杂质等良种标准，充分做好播前种子准备工作。

1. 晒种

播种前1~2天，选择晴天，将种子放在阳光下，均匀暴晒。但不要在水泥地面或金属器具内晒种，以免高温杀伤种子。

2. 选种

分风选或水选，去除霉籽、秕籽、枝叶杂质，选择粒大饱满、无病虫杂质的上等种子。

3. 发芽试验

随机取样100粒，重复3次，将种子放入碗里，加入清水使种子吸水，但千万不要让水将种子淹没，以免无氧呼吸而烂种。可将种子浸泡1天后，用纱布包好，吊在热水瓶内，水瓶内盛一半温热水，以不烫手为宜，种子不要浸在热水里（热水冷后要勤换）。或将种子浸泡，包好后放在贴身衣袋里，以保持恒温催芽。发芽率达90%以上时，可按正常播种量播种。如果发芽率在70%以下，播种时要加大播种量或换播发芽率高的种子。

4. 药剂消毒处理

种子消毒能杀死种子所带病菌，并预防土壤中病源侵染。①浸种：用50~55℃温水浸种10~15分钟，或用0.5%硫酸铜水溶液浸种30分钟。②拌种：用0.1%~0.3%多菌灵或百菌清拌种。

5. 种子包衣处理或微肥拌种

种子包衣是先将芝麻种子用适量的保水剂涂层，然后置于小型丸衣机内，再慢慢撒上配料，当包衣剂与种子配比达(1∶4)~(1∶5)时成粒备用。

## 四、适期播种

芝麻是喜温作物，其发芽、出苗要求稳定的适宜温度。芝麻发芽出苗要求的最低临界温度为12℃，最适温度为18～22℃，当温度为30℃左右时，发芽快而整齐。由于5月中旬以后已进入芝麻最佳播种季节，影响夏芝麻播种期的因素不是温度，而是前茬作物收获的早晚，必须在前茬作物收获后立即抓紧播种，且越早越好。实际生产中，每亩播量以0.5千克为宜。播深一般为3厘米。芝麻播种方式有点播、撒播和条播3种。

撒播是芝麻传统的播种方式，适宜抢墒播种。为力求撒播种子均匀，播前用细土或炒熟的陈芝麻拌种，注意风向，无风时，手要高撒，上打额头下打小肚，用力将种子撒出，上下交叉撒种，不使漏播；有风时，顺风将种子抛出撒开，沿着厢沟来回各撒半畦，转入第2条厢沟时，又来回各撒半畦。播后浅锄或浅耙盖种。雨前播种，以看不见种子为宜，防止大雨后闷种。撒播时种子均匀疏散，覆土浅，出苗快，但不利于田间管理。

条播。为使播种均匀，可掺入同芝麻大小、相对密度相似的有机肥或碎土粒，混合进行。播种不宜过深，以免播后遇雨闷种，出苗不齐或成弱势苗。

点播多为零星产区小面积使用，易全苗和保证密度。播种方法可以开沟点播，也可锄穴点播，一般每穴5～7粒种子，随播随下有机底肥，播后覆土盖种。点播费工，不易抢墒。

## 五、苗期管理

### （一）间定苗，确定合理密度

芝麻在齐苗后要进行“一疏二间三定苗”，即小十字叶时掐去疙瘩苗，第2对真叶时间苗，3～4对真叶时定苗。

一般在1对真叶时第1次间苗，间苗距离以定苗距离的1/2为宜，2～3对真叶时第2次间苗，并预定苗，定苗时间不宜过早，特别在病虫害严重时，要适当增加间苗次数，待幼苗生长稳定时，再行定苗。间定苗时，要疏弱留壮，并按计划的株距留足苗数。

确定芝麻的合理种植密度，必须从芝麻的品种特性、地力条件、施肥水平以及播种期等多方面的因素进行综合考虑。

（1）品种特性

分枝型品种种植密度要比单秆型品种少，多分枝型品种的种植密度要比少分枝型品种少。在同一类株型的品种中，植株高大、株型松散、长势强、生育期长的品种，其种植密度要比植株矮小、株型紧凑、长势弱、生育期短的品种少。

（2）土壤肥力和施肥水平

土质好、土层松厚、肥力较高的土壤，种植密度要大一些；反之，种植密度要小一些。对于施肥水平较高的丰产田，种植密度要稀一些。

（3）播种期

早播芝麻，生育期较长，植株比较高大，种植密度宜稀一些；晚播芝麻，生育期较短，植株较矮小，可适当加大种植密度。夏芝麻单秆型品种每亩1.2万~1.5万株左右，分枝型品种1万株左右。

### （二）中耕灭茬除草

夏芝麻田间杂草种类较多，主要有马唐、稗草、千金子、牛筋草、双穗雀稗、空心莲子草、田旋花、小蓟等。夏芝麻6月上中旬播种时，正值高温多雨，杂草萌发很快，生长迅速，一旦遇到连续阴雨，极易造成草荒；加之芝麻种子粒小，幼苗期生长缓慢，芝麻往往因竞争不过杂草而引起严重草害，减产一般在15%~30%，重者导致绝收。若控制了苗期杂草，到7月中旬后，芝麻进入快速旺长期，由于芝麻的植株高，密度大，对下面的后生杂草有很强的密闭和控制作用，杂草就不易造成明显为害。因此，芝麻田化学除草的关键是要强调一个“早”字，必须在杂草萌芽时或4叶期以前将其杀死，这样才能避免杂草可能造成的为害。生产上应抓好播种前、播后芽前和苗后早期化学除草。

1. 播前土壤处理

选用播种前土壤处理，田间持效期较长，对芝麻安全，1次施药可基本控制芝麻全生育期的杂草为害。在芝麻播种前3~5天用48%的氟乐灵乳油对水均匀喷雾土表。施药后应立即耙地盖土3~5厘米。

2. 芝麻播后芽前杂草防治

由于芝麻粒小、播种浅，很多封闭除草剂品种对芝麻易产生药害，生产上应注意适当深播。在芝麻播种前，可以用48%氟乐灵乳油100~120毫升/亩，黏质土及有机质含量高的田块用120~175毫升/亩，也可用48%地乐胺乳油100~120毫升/亩，黏质土及有机质含量高的田块用150~200毫升/亩，加水40~50千克配成药液喷于土表；并随即混入浅土层中，干旱时要镇压保墒。施药后3~5天播种芝麻。

封闭除草剂主要靠位差选择性以保证对芝麻的安全性，生产上应注意适当深播。同时，施药时要注意天气预报，如有降雨、降温等田间持续低温高湿情况，也易产生药害；因为芝麻田杂草防治的策略主要是控制前期草害，芝麻田中后期生长高大密蔽，芝麻自身具有较好控草作用，所以，芝麻田除草剂用药量不宜太大。除草剂品种和施药方法如下：33%二甲乐灵乳油或20%萘丙酰草胺乳油150~250毫升/亩、50%乙草胺乳油100~200毫升/亩、72%异丙甲草胺乳油120~150毫升/亩、72%异丙草胺乳油120~150毫升/亩，对水40千克均匀喷施，可以有效防治多种一年生禾本科杂草和藜、苋、苘麻等阔叶杂草，对马齿苋和铁苋也有一定的防治效果。施药时一定视条件调控药量，且忌施药量过大。药量过大、田间过湿，特别是遇到持续低温多雨条件下，幼苗可能会出现暂时的矮化、粗缩，多数能恢复正常生长。但严重时，会出现死苗现象。

3. 芝麻生长期杂草防治

对于前期未能采取有效的杂草防治措施，在苗后期应及时进行化学除草。施用时期宜在芝麻封行前、杂草 3 ~ 5 叶期，用 5% 精喹禾灵乳油 40 ~ 50 毫升/亩、10. 8% 高效吡氟氯禾灵乳油 20 ~ 30 毫升/亩、24% 烯草酮乳油 20 ~ 30 毫升/亩、12. 5% 稀禾啶乳油 40 ~ 50 毫升/亩，加水 20 ~ 30 千克配成药液喷洒。在气温较高、雨水较多地区，杂草生长幼嫩，可适当减少用药量；相反，在气候干旱、土壤较干地区，要适当增加用药量。防治一年生禾本科杂草时，用药量可稍减少；而防治多年生禾本科杂草时，用药量应适当增加。

对于前期未能有效除草的田块，在芝麻田禾本科杂草较多较大时，应适当加大药量和施药水量，喷透喷匀，保证杂草均能接触到药液。可以施用 50% 精喹禾灵乳油 75 ~ 125 毫升/亩、10. 8% 高效吡氟氯禾灵乳油 40 ~ 60 毫升/亩、15% 精吡氟禾草灵乳油 75 ~ 100 毫升/亩、12. 5% 稀禾啶乳油 75 ~ 125 毫升/亩、24% 烯草酮乳油 40 ~ 60 毫升/亩，对水 45 ~ 60 千克均匀喷施，施药时视草情、墒情确定用药量，可以有效防治多种禾本科杂草；但天气干旱、杂草较大时死亡时间相对缓慢。杂草较大、杂草密度较高、墒情较差时适当加大用药量和喷液量；否则，杂草接触不到药液或药量较小影响除草效果。

农田化学除草，省工、高效，深受广大农民欢迎。但是，在农业生产中也常因不合理的使用而使作物遭受药害，造成不同程度的损失。因此，化学除草必须防止药害。为了有效的防止药害，应注意以下几个方面。

（1）选择对口药剂

选用除草剂既要考虑除草效果，又要保证作物安全，而且对后茬作物无残留药害，以免带来不良后果。如麦田使用甲磺隆除草剂后，后茬不可种棉花、芝麻、豆类等作物。

（2）严格掌握用量

施用除草剂，要严格按照规定用药，不得超量。特别是要弄清商品量与有效成分的区别，两者不可混淆。喷施除草剂浓度不可过大，以免超出作物的忍受力。在确定用量时，还应因土、因地制宜，矿质土应比黏重土适量少施。

（3）确定合理的施药期

确定合理的施药期要坚持”三看”：一看天，低温、凉冷气候、高温、高湿、大风等不良天气下不宜施用除草剂；二看地，旱地墒情不足需要先抗旱再施药；三看作物，在作物敏感期不宜施药。

4. 保证施药质量

无论采取喷雾或其他施药方法，都必须做到施药均匀。采取喷雾法还需严格按照药品规定的浓度进行喷施。在作物生长到一定高度以后，均应采取定向喷雾法，将药液喷洒在杂草上，避免喷在作物茎叶上。采取土壤处理法，要注意整地质量，整平整细，切忌高低不平。

5. 合理混用

要注意两种药剂混合后是增效还是拮抗，混合前应做一次兼容性试验。若产生絮状、沉淀、凝结等现象，则不可混合施用。一般同类除草剂混合后的用量应为两种除草剂各自单独用量的1/3～1/2，绝对不可超过单独时的用量，否则对作物不安全。除草剂与化学杀虫剂混用时，也要以不产生药害为原则。

芝麻开花前，一般应中耕三四次。幼苗长出第1对真叶时进行第一次中耕，中耕宜浅不宜深。第二次中耕，是在芝麻长出2

~3 对真叶时进行，深度 5 ~6 厘米为宜。第三次中耕宜在 5 对真叶时进行，深度可加深到 8 ~10 厘米。芝麻开始开花时，结合培土进行第四次中耕。

## 六、芝麻花期管理技术

### （一）中耕、施肥、培土

芝麻植株生长高大，一生不同生育时期仅靠底肥难以满足其生长发育需要，特别是芝麻开花结蒴期生长最迅速，此时营养生长和生殖生长同时并进，吸收的营养物质占整个生育期间的七八成。为了满足中后期植株生长发育的需要，使芝麻花期生长旺盛，积累更多的光合产物，增加花蒴数量，后期稳长不早衰，籽粒充实饱满，必须进行追肥。芝麻追肥必须掌握追肥时期和方法。追肥的原则是苗期早施轻施，花前重施，盛花期补施、喷施。

1. 苗期追肥

芝麻幼苗生长缓慢，根系吸收养分的能力较弱，植株需肥量少。在苗势很差或幼苗大小相差较大时，可先少量追施提苗肥或偏施，以稀释腐熟的人粪尿或尿素效果好。“芝麻苗碗口大”时正是花芽分化时期，这时追肥效果最好。追肥以氮肥为主，磷、钾肥为辅，根据苗情，每亩可追施尿素 3 ~5 千克。

2. 蕾期追肥

芝麻现蕾以后，根系吸收能力增强，植株的生长速度加快，对养分的需要量也显著增加，必须适时重施花肥，每亩追施尿素 7. 5 ~10 千克；磷钾肥不足的地块，还要追施少量磷钾肥；每亩追施 7. 5 ~12. 5 千克复合肥，增产效果较好。也可施用腐熟的饼肥、粪肥、厩肥等。

3. 花蒴期追肥

在前期施肥充足，植株生长正常的情况下，一般开花后不再追肥。如果土壤瘠薄，前期追肥不足，为使籽粒饱满，减少“黄梢尖”和秕粒，可适当追施速效性肥料，或喷施0.3%磷酸二氢钾1~2次，但不应晚于盛花以后，以免造成贪青晚熟。

4. 叶面喷肥

芝麻叶面喷肥一般应选择晴天9~11时或17时以后较宜。早晨露水未干，叶片吸附力弱；中午气温高、日照强，蒸发快，故喷肥效果差。若喷施后3小时内下雨，应在天晴时重喷。一般间隔5~6天连续喷2~3次硫酸钾或磷酸二氢钾0.4%溶液，增产效果显著。

（二）防涝、抗旱、防倒伏

芝麻灌溉应根据其需水特性、土壤墒情、气候状况和植株长势长相合理进行。

芝麻苗期需水量少，在一般情况下多锄细锄做好保墒工作，不进行浇水。现蕾以后，如果天气干旱，土壤水分下降到田间最大持水量的60%以下时，或观察苗势：9~10时芝麻植株上部叶片发生暂时萎蔫，到18时以后又恢复正常，这种情况下，就要适当浇水一次。芝麻开花结蒴阶段的需水量较大，适宜的土壤含水量为田间最大持水量的75%~85%，如果土壤缺墒，植株生长缓慢，甚至停止生长或提前终花，不仅严重减产，而且含油量也会降低。芝麻封顶以后，需水量逐渐减少，在雨水充足或花期浇水的基础上，一般不需浇水，如果发生秋旱，土壤含水量降到田间最大持水量的60%以下时，应进行灌水。

灌溉的方法主要有沟灌、喷灌和滴灌等，切忌大水漫灌。

沟灌。引水入厢沟内，水从高处顺沟往下流（跑马水），分沟分厢逐段浇灌。要做到厢沟内有明水，畦面无明水。要浇匀浇透，使水慢慢渗透到耕层内的土壤中。这样，沟厢无明显的大量渍水，不易出现渍害反应，又节约用水。

喷灌。可采用叶面和根部喷浇两种方法。喷灌用水少，喷水匀，且叶面喷水，充分发挥根、茎、叶的吸收作用，可使冠层起到降温加湿改善小气候的作用。有条件的地方要尽量采取喷灌的方法。

灌溉时间应在17时以后最好，以避开高温浇水对芝麻生长的不利影响。浇水一定要掌握天气变化，下雨之前不要浇水，以免造成渍害。同时，浇水可结合追肥，浇水后一定要清沟，以免积水造成渍害，及时进行中耕保墒，防止地面板结。

据测定，芝麻在饱和持水条件下，盛花期受渍2天，终花期受渍1天，芝麻叶片即出现萎蔫，如遇晴热天气，极易出现全株萎蔫，落叶落花，甚至死苗。受渍后并发病害，不仅严重减产，还显著降低含油量。

芝麻综合防渍的措施主要有：一选用耐渍性强、高抗病的芝麻品种。二是选择地势高燥、排灌方便的地块。三要沟厢配套，实行沟厢垄作。做到田内三沟与地外排水沟渠相通，雨后清沟，方便排渍。使雨天明水能排、暴雨后田间基本无明水，暗水能控。四是对受渍芝麻及时采取补救措施：用喷雾器喷清水，洗去叶片、茎秆上的污泥。松土通气，培苗扶苗，恢复植株的正常生长。及时追肥，一般每亩追施尿素3~5千克，隔10天后再追1次。尚未定苗的芝麻田受渍后，可以以密补缺，增加密度。渍后注意病虫为害，及时防治。

芝麻倒伏的主要原因是品种本身的抗倒性差和栽培管理不当。为了防止倒伏，栽培上必须注意：①选择抗病虫和抗倒伏性强的芝麻品种。②精耕细作，加深耕作层，结合中耕高培土，创造芝麻根系发育的良好土壤环境。③合理密植，提高田间通透性，使个体发育健壮，茎粗腿低，高产不倒。④保持氮、磷营养的协调，防止施氮过多，引起植株旺长。⑤彻底防治病虫害，防止因病虫造成根系伤害和茎秆倒折。⑥应用植物生长调节剂，促根、蹲苗，控制芝麻营养体生长，降低始蒴部位。⑦抗旱排涝，防止因雨涝造成芝麻徒长，切忌大水漫灌和风天灌水，造成倒伏。

### （三）保叶、打顶

芝麻叶片是制造营养物质进行光合作用的工厂，叶片中的叶脉、叶柄和茎根的维管束组织连通，叶片对调节水分和温度，提高产量和含油量有着极大的影响。芝麻摘叶后，黄梢尖变长，秕粒增多，千粒重下降，致使芝麻减产严重，一般减产在15%～20%。因此，严禁后期摘叶。

芝麻适时打顶，调节植株营养分配，控制和减少无效蒴果，增加有效蒴果籽粒数，使籽粒饱满，一般可增产10%以上。麦茬夏播芝麻（6月上中旬播种）于初花后10天即8月上旬打顶。秋季气温高、日照足、植株长势好的，可适当推迟3～5天打顶，轻打，只摘顶心（包括分枝顶心）。在秋季气温下降较快的年份，或芝麻长势差，要早打顶，重打，除摘顶心外，还要去除顶端幼蕾和分枝，一般摘除3～5厘米顶茎。

芝麻打顶时，掐去顶端生长点1厘米，但打顶只限于顶端生长点，而不是顶端的一长段，掐得过长将减少单株结蒴数，导致减产。

## 七、芝麻常见病虫害防治技术

### （一）芝麻地下害虫的防治方法

芝麻地下害虫主要有地老虎、蝼蛄、金针虫等，其防治方法如下。

1. 农业防治

合理轮作，深耕细耙，可降低虫口数量。合理施肥，不使用未腐熟的厩肥，全面铲除杂草，集中处理，可以消灭部分虫卵和早春杂草寄主。

2. 诱杀成虫

利用黑光灯、糖、酒、醋诱蛾液，加硫酸烟硷或苦楝子发酵液，或用杨树枝把或泡桐叶，诱杀成虫。

3. 诱杀、捕捉幼虫

在芝麻幼苗出土以前，可采集新鲜杂草或泡桐叶于傍晚时堆放在地上，诱出已入土的幼虫消灭之，对于高龄幼虫，可在每天早晨到田间，扒开新被害芝麻周围的土，捕捉幼虫杀死。

4. 化学防治

对不同龄期的幼虫，应采用不同的施药方法。幼虫三龄前用喷雾，或撒毒土进行防治；三龄后，田间出现断苗，可用毒饵或毒草诱杀。

防治指标：每平米有虫（卵）2 头（粒）。

①喷雾：用 50% 辛硫磷乳油 1 000倍液，或用 2. 5% 溴氰菊酯乳油或 4. 5% 高效氯氰菊酯乳油 2 000倍液均匀喷雾。喷药适期应在幼虫三龄盛发前，注意防早、防小。

②毒土或毒砂：可选用 2. 5% 溴氰菊酯乳油 90 ~ 100 毫升，或 50% 辛硫磷乳油 500 毫升加水适量，喷拌细土 50 千克配成毒土，每亩 20 ~25 千克傍晚顺垄撒施于幼苗根际附近。

③毒饵或毒草：一般虫龄较大时可采用毒饵诱杀。可选用 90% 晶体敌百虫 0. 5 千克或 50% 辛硫磷乳油 500 毫升，加水 2. 5 ~5 升，喷在 50 千克碾碎炒香的棉籽饼、豆饼或麦麸上，于傍晚在受害作物田间每隔一定距离撒一小堆，每亩用 5 千克。毒

草可用90%晶体敌百虫0.5千克，拌鲜草或新鲜蔬菜5～6千克，每亩用15～20千克，傍晚撒在芝麻行间。

### （二）芝麻中后期病虫害综合防治

#### 1. 蟋蟀

对蟋蟀为害较重的田块，可采用毒饵诱杀。先用60～70℃的温水将90%晶体敌百虫溶解成30倍液，每亩取100克药液，均匀地喷拌在3～5千克炒香的麦麸或饼粉上（拌时要充分加水），拌匀后在芝麻田撒施。或制成鲜草毒饵：用50%辛硫磷50毫升加少量水稀释，或用90%敌百虫800倍液拌20～25千克鲜草，于傍晚撒施。由于蟋蟀活动性强，防治时应注意连片统一防治，否则难以获取较持久的效果。

#### 2. 芝麻天蛾

芝麻天蛾以幼虫食害芝麻叶片，食量很大，严重时叶片被吃光。有时也为害嫩茎和蒴果，使芝麻不能结实，对产量影响很大，个别年份局部发生较重。一年可发生一至四代，成虫昼伏夜出，有趋光性；老龄幼虫食量倍增，抗药性强。

防治方法：①农业综合防治：加强田间管理，铲除地边和田间杂草，减少早期虫源。②诱杀：利用成虫趋光性，在成虫盛发期用黑光灯诱杀。③药剂防治：早期幼虫喷洒40%敌百虫乳油2 000～3 000倍液，或用50%的敌敌畏乳油1 000～1 500倍液，也可喷5%西维因粉或2.5%敌百虫粉每亩1.5～2.5千克。④人工捕捉：三龄以上幼虫，体大易见，可用人工捕杀。

#### 3. 芝麻螟

芝麻螟每年发生四代。以老熟幼虫越冬。4月上旬至5月中旬陆续羽化为成虫，7月中、下旬到9月上旬，在芝麻上均可见为害。成虫有趋光性；白天多停息在芝麻叶背和杂草中，夜间交配产卵。卵散产于芝麻叶、茎或嫩尖上。幼虫吐丝缀叶，在内取食叶肉；当芝麻结荚后，多数蛀入荚中，使荚变黑脱落；或将嫩叶与蒴果缀连在一起为害；有时也蛀入嫩茎使之枯黄变黑。

防治方法：①冬季铲除田边和田间杂草，处理芝麻残秆等，减少虫源。②药剂防治：幼虫发生初期用50%敌百虫乳油800～1 000倍液或青虫菌500倍液喷雾，每亩用50千克药液。③黑光灯诱杀成虫。

4. 芝麻蚜虫

蚜虫以成虫、若虫群集为害芝麻，吸食芝麻嫩叶、嫩梢和花序的汁液。温暖季节成虫活跃，主要在幼嫩叶背活动和刺吸芝麻嫩茎嫩叶，叶片受害后，首先中脉基部出现黄色斑点，逐渐扩大后造成叶及叶片皱缩畸形，严重时干枯脱落。蕾花受害后，极易变色脱落。有时也咬断茎生长点，影响芝麻正常生长，严重时被害植株后期仅剩光秆和少数畸形蒴果，造成产量大幅度降低。以卵在杂草上越冬，一般在6月下旬开始发生，7～8月为害盛期。一年可发生一至四代，有世代重叠现象，并可传播病毒等多种病害。

防治方法：①秋冬时清除杂草，消灭越冬虫源。②药剂防治，在大田发生时，用40%氧化乐果1 000～1 500倍液或25%亚胺硫膦1 500～2 000倍液或用50%辛硫磷、50%甲胺膦、50%杀虫菊酯2 500～3 000倍液，20%蔬果磷300倍液喷雾。

5. 棉铃虫

其幼虫食害芝麻的嫩叶、蕾、花和荚等，咬成孔洞或缺刻。

防治方法：收获后及时清洁田园，消灭越冬蛹。加强田间管理，清除田间及地边杂草。利用黑光灯诱杀成虫。在幼虫发生初期喷洒10%吡虫啉可湿性粉剂1 500倍液、20%灭多威乳油1 500倍液、2.5%氯氰灵乳油1 500倍液进行防治。

6. 盲椿象

一年发生一至四代，以卵在杂草等处越冬，通常越冬卵于4月上、中旬孵化，成虫于6~7月，为害芝麻嫩叶背面吸取汁液，芝麻叶片受害后，先在中脉基部出现黄色斑点，逐渐扩大后，使心叶变为畸形，影响芝麻正常生长，有时直接为害花蕾，造成脱蕾。

防治方法：①因地制宜选用抗虫品种。一般选用早熟品种。②发生期喷洒5%氟虫脲（卡死克）乳油4 000倍液或20%溴氰菊酯乳油2 000倍液防治。

7. 茎点枯病

芝麻茎点枯病又称芝麻茎枯病、芝麻黑根疯等。主要为害芝麻茎秆、根部及幼苗。苗期发病，病苗地上部萎蔫枯死，根部变褐死亡。茎部受害后，病茎初呈黄褐色水渍状斑点，并迅速发展，变成环绕状斑点，晚甫　斑呈黑褐色，以后茎秆中空、容易折断。根部受害后，主根、支根逐渐变成褐色，根皮层内形成大量黑色菌核，致使根枯死。该病病菌以菌核在种子、土壤和病株残体上越冬。翌年分生孢子在田间借风、雨、气流传播，主要从植株茎基部、根部及叶柄处侵入为害。芝麻苗期、盛花期阶段最易感病。病株可产生分生孢子再传播侵染。高温、高湿、多雨有利于病害发生流行，偏施氮肥、种植过密和连作地为害加重。

防治技术：①选用抗病品种及种子处理：选择优质高产、耐渍、抗病性强品种，如豫芝8号、易芝1号等。播种前用55℃温水浸种10分钟或60℃温水浸种5分钟，晾干后播种。或用五氯硝基苯加福美双拌种（1∶1），用药量占种子重量的0.5%~1%，或用0.5%硫酸铜溶液浸种半小时，均有较好防效。②农业防治：芝麻与棉花、甘薯及禾本科作物实行3~5年轮作，能较好控制病害发生流行。芝麻收割后及时清除田间病残体，集中烧毁或深埋以减少越冬菌源。及时拔除病株，带出田外销毁，防止病菌扩散蔓延。加强肥水管理，增施基肥，基肥以腐熟的有机肥为主，并混施磷、钾肥，苗期不施或少施氮肥，培育健苗，使病菌不易侵入。采用高畦栽培，及时清沟排水，防止田间有积水，降低田间湿度。③药剂防治：防治芝麻病害应以农业防治为主，药剂防治要掌握在点枯病发病初期用药。防治药剂有37%枯萎立克可湿性粉剂800倍液，40%多菌灵悬浮剂700倍液，50%甲基托布津可湿性粉剂800～1 000倍液，80%硫酸铜可湿性粉剂800倍液等。

8. 枯萎病

芝麻枯萎病又称半边黄或黄化，是典型的维管束病害。病菌多从苗的根尖、伤口侵入，病菌从根部侵入后进入导管，沿导管蔓延到茎、叶、蒴果和种子，致使全株发病枯死。病株茎基部呈红褐色，茎维管束呈褐色，叶片变黄萎蔫枯死。有时仅限于半边侵染时，表现为半边发病枯死。潮湿时，受害部位有粉红色霉状物。该病病菌在土壤中、病株残体内或种子内外越冬。6月开始发病，8月达到发病高峰。连作地块、土壤肥力差，田间湿度大，有利于病害发生流行。

防治技术：①选用抗病品种及种子处理：选择优质高产、耐渍、抗病性强品种，如豫芝8号、易芝1号等。播种前用55℃温水浸种10分钟或60℃温水浸种5分钟，晾干后播种。或用五氯硝基苯加福美双拌种（1：1），用药量占种子重量的0.5%～1%，或用0.5%硫酸铜溶液浸种半小时，均有较好防效。②农业防治：实行轮作。芝麻收割后及时清除田间病残体，集中烧毁或深埋。加强肥水管理，增施基肥，基肥以腐熟的有机肥为主，并混施磷、钾肥，苗期不施或少施氮肥，培育健苗，使病菌不易侵入。采用高畦栽培，及时清沟排水，防止田间有积水，降低田间湿度。③药剂防治：防治芝麻病害应以农业防治为主，药剂防治要掌握在发病初期用药。防治药剂有37%枯萎立克可湿性粉剂800倍液，40%多菌灵悬浮剂700倍液，50%甲基托布津可湿性粉剂800～1 000倍液，80%硫酸铜可湿性粉剂800倍液等。

9. 青枯病

芝麻青枯病群众俗称“黑茎病”、“黑杆病”。芝麻青枯病发病初期茎部出现暗绿色病斑，以后逐渐转变成黑褐色条斑，发病后全株枯萎，蒴果不能正常成熟，严重的地段植株成片枯死，造成严重减产。此病除为害芝麻外，还为害大豆、花生、烟草、马铃薯、茄子、菜豆等作物。青枯病菌喜高温，田间温度12.8℃病菌开始侵染，在15～30℃内温度越高发病越重。每年7～8月多发生，土壤潮湿尤其雨后天晴发病更重。

防治方法：①实行轮作，病田可与禾本科作物及棉花、甘薯等作物实行2～3年以上轮作。②增施基肥，特别是农家肥。酸性土壤要适当增施石灰。③芝麻生长后期，若发生病害，要停止中耕或少中耕，以免伤根。此外，要及时排除田间积水。④及时拔除病株，并用石灰水或用西力生1份加石灰粉15份，消毒病穴。

10. 芝麻细菌性角斑病

芝麻整个生育期均可发病。在苗期近地面处的叶柄基部变黑枯死。成株期病斑呈多角形，黑褐色，前期有黄色晕圈。湿度大时，叶背溢有菌脓，干燥时病斑脱落或穿孔，造成早期落叶。发病规律该病菌丝在种子内、残株上越冬，成为侵染芝麻的病源。

防治方法：药剂防治用0.1%～0.2%硫酸铜溶液喷雾。发病初期喷波尔多液（1∶100），或用65%代森锰锌600倍液。盛花期喷1 000倍甲基托布津稀释液。喷药次数根据病情确定，可每7天喷1次，连喷2～3次。

11. 叶斑病

主要为害叶片、茎及蒴果。叶部症状有两种。一种为圆形小斑，中间灰白色，四周紫褐色，病斑背面生灰色霉状物。后期多个病斑融合成大斑块，干枯后破裂，严重时导致落叶；另一种为蛇眼状病斑，中间生一灰白色小点，四周浅灰色，外围黄褐色，圆形至不正形。茎部有褐色不正形斑，湿度大时病部生黑点。蒴果有浅褐色至黑褐色病斑，易开裂。发生时期为7～8月，传播方式为种子、土壤或病残体带菌。

防治方法：①选用无病种子，并用53～55℃温汤浸种10分钟，杀灭种子上菌丝。②实行轮作，可与禾本科作物及棉花、甘薯等作物实行2～3年以上轮作。③收获后及时清洁田园，清除病残体，适时深翻土地。④在发病初期，喷洒50%多菌灵500倍液或70%甲基托布津800倍液、25%嘧菌酯800倍液，隔7～10天喷1次，连续防治2～3次。

12. 白粉病

主要为害叶片、叶柄、茎及蒴果。表面生白粉状霉，严重时白粉状物覆盖全叶，致叶变黄。病株先为灰白色，后呈苍黄色。

防治方法：①加强栽培管理，注意清沟排渍，降低田间湿度。增施磷钾肥、避免偏施氮肥或缺肥。②发病初期及时喷洒25%三唑酮可湿性粉剂1 000～1 500倍液，或用40%杜邦福星乳油8 000倍液，隔7～10天喷1次，共喷2～3次。

13. 轮纹病

为害叶片，叶上病斑不规则形，中央褐色，边缘暗褐色，有轮纹，病斑上有小黑点。

防治方法：①实行轮作。②收获后及时清除病残体。③雨后及时排水，防止渍害。④加强田间管理，适时间苗，及时中耕，增强植株抗病力。⑤药剂防治，播种后30天、45天、60天，喷洒70%代森锰锌可湿性粉剂500倍液或40%百菌清悬浮剂500倍液，可有效预防和控制病情。

14. 黑斑病

为害叶片和茎秆。叶片病斑初为圆形至不规则形，褐色至黑褐色，后期扩张成大斑，有不明显的轮纹，边缘有黄色晕圈；茎秆黑褐色水浸状条斑，严重时植株枯死。

防治方法：①选用抗病品种。②药剂防治，在发病初期，喷洒50%多菌灵500倍液，或用70%甲基托布津800倍液、25%嘧菌酯800倍液，隔7~10天喷1次，连续防治2~3次。选择上述药剂加上58%甲霜灵锰锌可湿性粉剂500倍液，能兼治芝麻疫病。

15. 褐斑病

侵染叶片，叶上病斑有棱角，初暗褐色，后变灰色，上生大量黑褐色小点，无轮纹。

防治方法：①实行轮作倒茬。②收获后及时清除病残体。③雨后及时排水，防止湿气滞留。④加强田间管理，适时间苗，及时中耕，增强植株抗病力。⑤药剂防治，播种后30天、45天、60天，喷洒70%代森锰锌可湿性粉剂500倍液或40%百菌清悬浮剂500倍液，可有效预防和控制病情。

16. 芝麻疫病

芝麻疫病在周口市不同程度发生，是一种毁灭性的病害，发病迅速，常引起全株死亡。此病仅能为害芝麻，并常与茎点枯病并发，疫病往往发病在先。芝麻疫病的病原菌侵染叶片形成较大的斑块，呈黄褐色，像开水烫过一样，并微现轮纹。在潮湿条件下，叶背可产生一圈灰白色短绒毛状的霉轮，病斑组织很薄，易于干缩破裂，并引起叶片向一边扭曲，失去叶片的对称状态，最后全叶干枯。常在接近地面的茎部发生为害，形成一段绕茎的缢缩病斑，开始呈水浸状深绿色，逐渐变为红褐色，微微凹陷，无明显的边缘，皮层松软，纵裂甚多。茎部上段及蒴果受害后，水浸状深绿色病斑更为明显，且凹陷。在潮湿情况下，可长出绵状菌丝。严重时，引起全株枯萎。

防治方法：①选用抗病品种。②采用高畦栽培，雨后及时排水，防止湿气滞留。③实行轮作。④合理密植，不可过密。⑤发病初期及时喷洒58%甲霜灵锰锌可湿性粉剂600倍液或75%百菌清可湿性粉剂600倍液、50%甲霜铜可湿性粉剂500倍液、64%杀毒矾可湿性粉剂400倍液、72%杜邦克露可湿性粉剂800~900倍液，对上述杀菌剂产生抗药性的地区，可改用69%安克锰锌可湿性粉剂1 000倍液。

## 八、适时收获

芝麻成熟的标志是植株由浓绿变为黄色或黄绿色，全株叶片除顶梢部外几乎全部脱落，下部蒴果种子充分成熟，种皮均呈现品种固有色泽，中部蒴果灌浆饱满，上部蒴果种子进入乳熟后期，下部有2~3个蒴果轻微炸裂。即芝麻终花后20天左右逐渐成熟，或打顶后25天左右成熟。

夏播芝麻在9月上旬可以收获。同一产区芝麻成熟收获时间还与施肥量、种植密度、品种特征特性等有关。一般施肥量少、施肥时间早的地块芝麻成熟早，反之则迟；密植比稀植成熟早；早熟品种成熟早。另外，对遭受病害或旱涝灾害影响而提前枯熟的植株，应分片、分棵及早收获。

芝麻成熟后，应该趁早晚收获，避开中午高温阳光强烈照射，减少下部裂蒴掉子或病死株裂蒴造成的损失。目前，周口市芝麻主产区的芝麻收获方法，绝大多数采用人工镰刀割刈法。收获部分提前裂蒴植株时，必须携带布单或其他相应物品，以便随割随收打裂蒴的籽粒，以减少落籽损失。镰刀刈割一般在近地面3~7厘米处斜向上割断，割取植株束成小捆，以 20 厘米直径的小束（约 30 株）为宜，于田间或场院内，每 3 ~4 束支架成棚架，各架互相套架成长条排列，以利暴晒和通风干燥。

当大部分蒴果开裂时，进行第一次脱粒。一般倒提小束，两束相撞击，或用木棍敲击茎秆，使籽粒脱落，而后再将束捆棚架。如此进行 3 ~4 次，可以基本脱净。因小捆架晒未经闷垛脱粒的，按上述脱粒方法有时不易脱净。可采取“反弹脱粒法”，即在常规的脱粒之后，再倒提茎秆敲击，使剩余籽粒借反弹作用从蒴壳中脱出，达到丰产丰收的目的。

# 附　件

## 一、小麦品种利用知识

“国以农为本，农以种为先”，种子应用、品种利用在现代农业发展中起着基础性和先导性作用，强农必先强种，抓好品种利用，也就抓住了农业发展的基点。小麦是周口市主要的粮食作物，抓好小麦品种利用，是夺取小麦丰收的关键措施。

### (一) 小麦种子标签的几个概念

农民选择小麦种子，首先要看懂种子包装上的标签，这里介绍几个重要的小麦种子标签概念。

1. 原种

用育种家种子繁殖的第一代至第三代，经确认达到规定质量要求的种子。

2. 大田用种

用原种繁殖的第一代至第三代，经确认达到规定质量要求的种子。

3. 净度

是指在一定量的种子中，正常种子的重量占总重量（包含正常种子之外的杂质）的百分比。

4. 发芽率

是指在规定程序的试验条件下，发芽种子粒数占供试种子粒数的百分率。

5. 水分

是指按规定程序种子样品烘干所失去的重量占供检样品原始重量的百分率。

6. 纯度

品种在特征特性方面典型一致的程度，用本品种的种子数占供检本作物样品种子的百分率表示。

（二）小麦种子质量标准

为保证种子质量，国家制定了农作物种子质量国家标准，技术内容为强制性。

小麦种子质量国家标准：纯度原种不低于99.9%，大田用种不低于99.0%；净度不低于99.0%；发芽率不低于85%；水分不高于13.0%。

小麦种子质量必须达到或高于国家标准才能进行销售，商家在种子标签上所标的净度、发芽率、水分、纯度等质量指标必须达到或高于国家标准的规定值。

（三）小麦品种利用原则

小麦品种利用总的原则是因地制宜、科学选择、适应生态、合理布局，做到高产与优质相结合、抗病与广适相结合、良种与良法相结合。

一是选择品种要兼顾好品种的丰产性、抗逆性和稳产性，综合分析，择优利用；二是要以半冬性品种为主导，搭配利用好弱春性品种；三是要保持主导品种的相对稳定性，进一步发挥其增产优势作用；四是要加快优良新品种推广步伐，坚决压缩生产上应用面积小、产量低的老品种。

### （四）小麦品种选用指导意见

依据近年来主要利用品种综合表现，结合近年来周口市夏季小麦品种考察结果，现提出周口市秋播小麦品种选用指导意见。

①早中茬麦田以周麦 22、周麦 18、矮抗 58、众麦 1 号、郑育麦 9987、泛麦 5 号为主；搭配种植周麦 16、周麦 24、泛麦 8 号、丰舞 981、郑麦 366、西农 979、百农 160、豫麦 49 ~ 198 等品种。示范种植周麦 27、丰德存麦 1 号、郑麦 7698、豫教 5 号等品种。

②中晚茬麦田以周麦 23、众麦 2 号为主。

③优质强筋小麦品种以郑麦 366、西农 979 为主；优质弱筋小麦品种以郑麦 004 为主。

④提倡在生产中扩大优质专用小麦品种应用面积、适期播种、控制播量，早期预防病虫害、冻害与倒伏。

### （五）主要利用小麦品种特征及表现

根据近年来周口市小麦品种考察结果，通过专家论证，综合分析，现对周口市主要利用品种进行评价。

1. 周麦 22

半冬性中熟品种。幼苗半匍匐，叶长卷、叶色深绿，分蘖力中等，成穗率中等。株高 80 厘米左右，株型较紧凑，穗层较整齐，旗叶短小上举，植株蜡质厚，株行间透光较好，长相清秀，灌浆较快。穗近长方形，穗较大，均匀，结实性较好，长芒，白壳，白粒，籽粒半角质，饱满度较好，黑胚率中等。平均亩穗数 36.5 万穗，穗粒数 36.0 粒，千粒重 45.4 克。苗期长势壮，冬季抗寒性好，抗倒春寒能力中等。春季起身拔节迟，两极分化快，抽穗迟。耐后期高温，耐旱性较好，熟相较好。茎秆弹性好，抗倒伏能力强。高抗条锈病，抗叶锈病，中感白粉病、纹枯病，高感赤霉病、秆锈病，轻感叶枯病，旗叶略干尖。

2005—2006 年度参加黄淮冬麦区南片冬水组品种区域试验，平均亩产 543. 3 千克。2006—2007 年度续试，平均亩产 549. 2 千克。2006—2007 年度生产试验，平均亩产 546. 8 千克。适宜播种期 10 月上中旬，亩播量 8 ~ 9 千克。

2. 周麦 18

半冬性中熟品种。春季生长稳健，成穗率高。株高 80 厘米左右，秆硬，高抗倒伏。叶片半上冲，穗长方形，结实性好。产量三要素协调（亩成穗 40 万穗左右，穗粒数 30 ~ 38 粒，千粒重 50 克左右），产量潜力大，一般具有亩产 600 ~ 700 千克的产量潜力。根系发达且活力强，耐旱性突出，水分利用率高。抗干热风，耐渍，耐后期高温，熟相好。高抗叶锈病，中抗条锈病、白粉病、叶枯病、纹枯病，耐赤霉病。白粒，角质，粒大较饱满。稳产性强，适应性广。

2003 年、2004 年、2005 年参加国家、河南省生产试验平均亩产 574. 5 千克，最高亩产 680. 83 千克。适宜播期为 10 月 10 ~ 25 日，亩播量 8 ~ 10 千克。

3. 泛麦 8 号

半冬性中熟品种。幼苗匍匐，抗寒性一般，分蘖成穗率高。起身拔节慢，抽穗晚。株高 73 厘米，较抗倒伏。株型略松散，叶片较大，穗层整齐，穗大、均匀，成熟落黄好。纺锤形穗，长芒、白粒，籽粒半角质，饱满。平均亩成穗数 39. 5 万穗，穗粒数 37. 4 粒，千粒重 43. 5 克。高抗叶锈病，中抗条锈病、叶枯病、中感白粉病、纹枯病。

2005—2006 年度参加河南省高肥冬水Ⅲ组区试，平均亩产 474. 5 千克；2006—2007 年度参加河南省高肥冬水Ⅲ组区试，平均亩产 521. 7 千克。2007—2008 年度参加河南省高肥冬水Ⅰ组生产试验，平均亩产 531. 4 千克。适宜播期 10 月 5 ~ 25 日，最佳播期10月12日左右。高肥力地块每亩播量6～7.5千克，中低肥力地块可适当增加播量。

4. 众麦1号

半冬性中晚熟品种。矮秆，大穗，株高75厘米左右，旗叶上举，田间通风性能好，光能利用率高，不炸垄。茎秆粗壮，高抗倒伏，穗长方形，码密，多花，多粒，大穗，结实性强，不孕小穗少，每穗比一般品种多3～5粒，苗期长势旺，分蘖力强，分蘖大而壮，抗冬寒耐春冻。抗条锈病、叶锈病、纹枯病、叶枯病，轻感白粉病、赤霉病，中抗蚜虫。根系发达，活力强，后期长相清秀，叶功能期长，灌浆较快，熟相好，抗灾能力较强，年度间稳定性好，地域间适应性广。分蘖力强，单株成穗多，群体自身调节能力强，穗大粒饱满，总产量三要素协调。一般亩成穗40万穗，穗粒数38～44粒，千粒重41～44克，一般亩产550～600千克。适宜播期10月8～20日，亩播量6～8千克。

5. 郑育麦9987

半冬性中晚熟品种，幼苗半匍匐，分蘖力中等，成穗率较高，成穗数中等。株高78厘米左右，株型半紧凑，旗叶短宽、上冲，株行间透光性好，茎秆硬。穗层整齐，穗大穗匀。穗近方形，长芒，白壳，白粒，籽粒半角质、光泽度好、饱满度较好。平均亩穗数38.6万穗，穗粒数30.7粒，千粒重51.2克。冬季抗寒性中等，耐倒春寒能力较弱。抗倒性较强。叶功能好，耐后期高温，熟相中等。中感条锈病、白粉病、赤霉病、纹枯病，高感叶锈病。

2006—2007年度参加黄淮冬麦区南片冬水组品种区域试验，平均亩产542.3千克；2007—2008年度续试，平均亩产567.6千克。2008—2009年度生产试验，平均亩产496.4千克。适宜播期10月上中旬，亩播量8～12千克。

6. 矮抗 58

半冬性中熟品种。幼苗匍匐，冬季叶色淡绿，分蘖多，抗冻性强，春季生长稳健，蘖多秆壮，叶色浓绿。株高 70 厘米左右，高抗倒伏，饱满度好。产量三要素协调，亩成穗 45 万穗左右，穗粒数 38～40 粒，千粒重 42～45 克。高抗白粉病、条锈病、叶枯病，中抗纹枯病，根系活力强，成熟落黄好。一般亩产 500～550 千克，最高可达 700 千克。适宜播期 10 月 5～10 日，亩播量 9～10 千克。

7. 周麦 24

半冬性中熟品种。幼苗半直立，苗势壮，抗寒性较好。分蘖成穗率一般。春季起身拔节较晚，两极分化慢。株高 84 厘米，株型紧凑，旗叶宽大直立，茎秆弹性强，抗倒性较好。耐后期高温，成熟落黄好。长方形穗，短芒，大穗，均匀，结实性好，籽粒半角质，饱满。平均亩穗数 39.5 万穗，穗粒数 36.1 粒，千粒重 42.8 克。

2007—2008 年度河南省高肥冬水Ⅰ期区域试验，平均亩产 549.3 千克。2008—2009 年度河南省冬水Ⅰ组区域试验，平均亩产 499.5 千克。2008—2009 年度参加河南省高肥冬水Ⅱ组生产试验，平均亩产 537.5 千克。适宜播期 10 月 5～30 日，亩播量 7～12 千克。

8. 周麦 16

半冬性中熟品种。幼苗半直立，分蘖力中等，叶色深，叶片宽长。株高 70 厘米，株型紧凑，旗叶上举，抗倒性较好。穗层整齐，穗纺锤形，长芒，白壳，白粒，籽粒半角质。成穗率较高，平均亩穗数 37 万穗，穗粒数 30 粒，千粒重 46 克。苗期生长健壮，抗寒性较好，耐倒春寒能力稍偏弱。耐湿性好，耐后期高温，熟相好。高抗秆锈病，中感条锈病、白粉病和纹枯病，高感叶锈病和赤霉病。

2002 年参加黄淮冬麦区南片水地早播组区域试验，平均亩产 472.8 千克；2003 年续试，平均亩产 471.7 千克。2003 年生产试验，平均亩产 463.4 千克。适宜播期 10 月 10～25 日，亩播量 8～10 千克。

9. 泛麦 5 号

半冬性中熟品种。幼苗绿色、匍匐，分蘖力强，叶片无茸毛，叶耳绿色。株型紧凑，株高 80 厘米左右，旗叶上举挺直、长宽适中。穗纺锤形，成穗率高，小穗着生密度适中，亩穗数 45 万穗，穗粒数 38 粒左右，千粒重 47 克左右，容重高。籽粒长圆形、白色、半硬质，无黑胚，商品性好。中抗条锈病、白粉病、纹枯病、叶锈病和赤霉病。耐盐性中等，抗旱、耐寒性高，高抗倒伏。

2003—2004 年度参加黄淮冬麦区南片冬水组区域试验，平均亩产 579.8 千克；2004—2005 年度续试，平均亩产 519.6 千克。2004—2005 年度参加生产试验，平均亩产 490.5 千克。2008 年农业部在黄泛区农场实地实打验收 10 020亩，平均亩产 634.4 千克；2009 年 40 640亩平均亩产 625.43 千克。适宜播期 10 月 10～25 日，亩播量 6～12 千克。

10. 郑麦 7698

半冬性多穗型中晚熟品种，幼苗半匍匐，苗势较壮，叶窄短，叶色深绿，分蘖力较强，成穗率低，冬季抗寒性较好。春季起身拔节迟，春生分蘖略多，两极分化快，抽穗晚。抗倒春寒能力一般，穗部虚尖、缺粒现象较明显。株高平均 77 厘米，茎秆弹性一般，抗倒性中等。株型较紧凑，旗叶宽长上冲，蜡质重。穗层厚，穗多穗匀。后期根系活力较强，熟相较好，穗长方形，籽粒角质均匀，饱满度一般。2010 年、2011 年区域试验平均亩穗数分别为 38 万穗、41.5 万穗，穗粒数分别为 34.3 粒、35.5

粒，千粒重分别为44.4克、43.6克。前中期对肥水较敏感，肥力偏低的地块成穗数少。抗条锈病，高感叶锈病、白粉病、纹枯病和赤霉病。

2009—2010年度参加黄淮冬麦区南片区域试验，平均亩产513.3千克；2010—2011年度续试，平均亩产581.4千克。2011—2012年度生产试验，平均亩产499.7千克。适宜播期10月上中旬，亩播量8～10千克。

11. 西农979

半冬性优质强筋中早熟品种。幼苗微匍匐，叶色深绿，旗叶窄长上举，株高75～78厘米，茎秆坚硬，弹性好；株型紧凑，穗层较齐；穗近长方形，中大、大小较均匀；长芒、白壳、光颖；每穗小穗数20个左右，小穗排列适中，中部小穗结实4粒左右，籽粒色白皮薄、卵圆形。抗寒耐冻性好，抽穗较早，灌浆速度快，早熟性突出；分蘖力较强，成穗率较高，产量三要素协调，丰产潜力大，亩穗数40万～45万穗，穗粒数35～40粒，千粒重42～45克，籽粒角质，粒饱色亮，黑胚率低，商品性好。越冬抗寒性好，抗倒伏能力强，发芽能力较强。平均亩产424.2千克。适宜播期10月上中旬，亩播量7～10千克。

12. 丰舞981

半冬性中早熟品种。株高75厘米左右，高抗倒伏，株型紧凑，穗长方形，白粒，幼苗半匍匐，抗寒性强，苗壮，分蘖性强，成穗率高。亩穗数40万穗左右，穗粒数38粒左右，千粒重42克左右，产量三要素协调，增产潜力大，抗旱性好，成熟落黄好，中抗条锈病、叶锈病、白粉病，轻感纹枯病、赤霉病。一般亩产540千克。适宜播期10月5～25日。亩播量7～10千克。

13. 周麦23号

弱春性中熟品种。幼苗半匍匐，分蘖力中等，苗期长势壮，春季起身拔节略迟，两极分化快，成穗率中等。株高85厘米左右，株型稍松散，茎秆粗壮，旗叶宽大、上冲。穗层整齐，穗长方形，长芒，白壳，白粒，籽粒半角质，卵圆形，饱满度中等。黑胚率稍高。平均亩穗数35.5万穗，穗粒数40.2粒，千粒重44.5克。冬季耐寒性较好，耐倒春寒能力中等。抗倒性较好。较耐后期高温，熟相较好。中感白粉病、叶锈病、纹枯病，高感条锈病、赤霉病、秆锈病。

2006—2007年度参加黄淮冬麦区南片春水组品种区域试验，平均亩产554.0千克；2007—2008年度续试，平均亩产600.9千克。2008—2009年度生产试验，平均亩产558.2千克。适宜播期10月15～30日，亩播量7～13千克。

14. 众麦2号

弱春性中熟品种。幼苗半直立，苗期生长健壮，抗寒性中等。起身拔节慢，抽穗晚。分蘖力强，亩成穗数多；株型较松散，长相清秀，株高69厘米，较抗倒伏。旗叶短宽直立，干尖较明显，后期不耐高温，成熟落黄一般。穗层整齐，穗纺锤形，大穗，码密，结实性好，穗粒数多。亩成穗数40万穗左右，穗粒数35粒左右，千粒重35克左右。

2003—2004年度河南省高肥春水Ⅱ组区试，平均亩产466.9千克；2005—2006年度省河南春水Ⅱ组区试，平均亩产500.7千克。2005—2006年度河南省高肥春水Ⅱ组生产试验，平均亩产469.3千克。适宜播期10月5～25日，亩播量10～12千克。

### （六）真假种子识别

1. 什么是假种子和劣种子

以非种子冒充种子或以此种品种种子冒充其他品种种子的，种子种类、品种、产地与标签标注的内容不符的，都为假种子。质量（纯度、净度、发芽率、水分等）低于国家规定的种用标准的；质量低于标签标注指标的；因变质不能作种子使用的；杂草种子的比率超过规定的；带有国家规定检疫对象的有害生物的都是劣种子。

2. 如何识别合格种子及假劣种子

（1）查看种子经营者的主体资格

合法种子经营单位有工商营业执照、种子经营许可证或委托代理书，购种时应注意查看证照是否齐全、有效；特别注意不要到游商游贩、无营业执照、无种子经营许可证或委托代理书的种子销售处购买种子。

（2）从种子包装及标签上识别

合格种子其包装、标签都比较正规、规范，种子标签内容包括种子类别、品种名称、产地、质量指标、检验证明编号、种子生产及经营许可证编号等事项。如果种子标签上项目不全，或标签标注内容与销售的种子不相符，说明种子存在质量问题。注意不要购买白袋装、散装、包装破损或标签标识不清的种子。

（3）索要发票

在购买种子时要向经营单位索要发票，并连同包装物、标签等妥善保存好。万一购买使用了假劣种子，这些都是投诉索赔时最好的物证。

（4）依法保护自己的合法权益

用户因购买使用假劣种子造成损失，要向当地种子管理部门投诉，对种子质量进行鉴定；如种子质量有问题，用户可以就损失赔偿问题与种子经营者协商解决，如协商解决不了，可以向当地人民法院提起诉讼。

# 二、科学使用农药

## （一）如何识别农药符号

目前，一些农药制剂标记英文，其含义分别如下。

PC（百分浓度）：表示药剂中有效成分的百分含量。

ppm（百万分浓度）：如 1ppm（也可写成 ppm），就是百万分之一。

EC（有效浓度）：能使防治对象，如害虫、病菌或杂草毒死，而对作物安全无害的浓度。

LC（致死浓度）：能引起受试试验动物死亡的浓度。

MEC（最大有效浓度）：对害虫有一定防治效果，而对作物安全无害的最大药剂浓度。

DP（粉剂）：有一定规格和含量的细粉状农药，只能作喷粉或拌种、制毒饵等用。

## （二）什么是假农药和劣质农药

所谓的假农药是指农药标签上标出的农药名称与实际包装内的农药不相符合，以假充真的农药。比如，一些不法商贩用麸皮、面粉等非农药产品经包装后来冒充农药，也就是以非农药来冒充农药；另一种情况是以此种农药冒充他种农药的。总之假农药的特点就是这些所谓的农药里面根本就不含有效成分，因此，它也就发挥不了药品的药用价值，对农作物的病虫害当然也就起不到任何作用。

而劣质农药是指包装内农药的主要指标不符合质量标准，也就是说包装内的东西与标识是一样的，只不过是含有的有效成分中的含量不够，达不到国家要求的质量标准。它主要包括：①它所含的有效成分的种类、数量与商品标签或者说明书上注明的有效成分种类、数量不符，这类产品我们就把它称为劣质农药。②失去使用效能的过期农药。③农药中混有了能导致农作物发生药害的物质，我们这里不管它是故意的，还是无意的，均认为是假冒伪劣农药。

### （三）怎样识别真假伪劣农药

#### 1. 从农药标签及外包装上识别真假

由于我们在购买农药时，一般没有专门的仪器设备来检测产品的质量，所以，农民朋友应首先学会从产品标签上来识别产品的真伪。因为一个正规的农药产品，它首先应该有规范的标签，而且每个农药产品在登记时，其标签也都要经过农药行政主管部门审查备案，备案后标签的内容是绝对不能擅自修改的。因此，我们首先从外观上看它是不是符合要求，来辨别该产品的真伪，而一般一个合格的农药标签必须包括以下 9 个方面的内容。

（1）农药名称

简单的说就是它叫什么？在这里我们要注意，正规的产品，它不仅要有农药的商品名，还应该包括这种产品有效成分的中文通用名。农药通用名称，是指农药产品中起关键作用的有效成分的名称。如 45% 石硫合剂、50% 灭菌特、敌敌畏等。而商品名称则是农药生产企业给自己的产品注册的商品名。在一个农药有效成分通用名称下，由于生产厂家的不同，可有多个商品名称。如吡虫啉（通用名称）为有效成分的可湿性粉剂，其商品名称有：一遍净、大功臣、四季红、蚜虫灵、虱蚜丹等。因此，为解决农药市场“一药多名”的问题，国家规定自 2008 年 7 月 1 日起，农药生产企业生产的农药产品一律不得使用商品名称，因此，也不会再审批新的农药商品名称。

(2) 注意查看产品的“三证”是否齐全

即在每一种农药的标签上都应该标有该产品的产品批准证号、生产许可（批准）证号及农药登记证号，因此，不要购买标签上没有“三证”或者“三证”不齐全，尤其是没有登记证号的农药。这就好比我们进食堂吃饭，要看它有没有挂卫生许可证一样。有了我们就放心了一半，如果“三证”不全或根本就没有的话，则马上可以判断该产品即为不合格的产品了。

(3) 农药有效成分、含量、重量

为什么要看看这些呢？这是因为它与产品的价格是息息相关的。比如，标识为1千克的产品，如果只装了8两的话，不管它的质量如何也认为是不合格产品。而有的产品如常用的进口代森锰锌，厂家不同，其百分含量差别也不同，从60%~90%不等，因此，价格就差别很大。因此，这也就提醒大家在购买的过程中要仔细看一下产品标识，不要盲目的听商家的介绍，或购买价格过低的产品，以防上当受骗。

(4) 农药类别

就是说这种农药的主要用途。一般我们把农药按用途分为杀虫剂、杀鼠剂、杀菌剂、除草剂、植物生长调节剂等，而在农药的外包装上也可以通过标签来认清农药种类：一般绿色的为除草剂、红色的为杀虫剂、黑色的为杀菌剂、蓝色的为杀鼠剂、黄色的为植物生长调节剂，如果购买的农药名称是杀菌剂，可产品的标签上却为红色的标志，那它的产品质量肯定没法保证了。

(5) 使用说明书

这是尤为重要的，因为不同厂家的同一类药品浓度不同，那么它的使用方法就不同。而使用说明书中也应包含以下内容①产品特点、应用的作物及防治对象、施用日期、用药量和施用方法；②限用范围；③与其他农药或物质混用的各种禁忌。

（6）毒性标志及注意事项（包括安全间隔期）

①毒性标志；②中毒时的主要症状和急救措施；③安全警句；④安全间隔期（即最后一次施药至收获前的时间）；⑤储存的特殊要求。

（7）生产日期和批号

由此可以判断它是否过了有效期，也就是说看该药品是否失效。

（8）质量保证期

看准产品的有效期。我国规定一般农药应具有 2 年有效期，即出厂后 2 年内农药有效成分含量和主要指标都应该符合产品的质量标准。

（9）生产厂名、地址、电话及邮编等

2. 从农药形态上识别优劣

（1）粉剂

一般可湿性粉剂应为疏松的粉末，并且不应该有结块的现象。如有结块或有较多的颗粒感，说明产品已经受潮，不仅产品的细度达不到要求，其有效成分含量也可能会发生变化。如果产品颜色不匀，说明可能存在质量问题。

（2）乳油剂

应为均匀的液体，无沉淀或悬浮物。如出现分层和混浊现象，或者加水稀释后的乳状液不均匀或有乳油、沉淀物，都说明产品质量可能有问题。

（3）悬乳液

应是可流动的悬浮液，无结块，经长期存放可能存在少量分层现象，但经摇晃后应能恢复原状。如经摇晃后产品不能恢复原状或仍有结块，说明产品存在质量问题。

（4）熏蒸用的片剂

如呈粉末状，改变了原有药品的形状，则表明该药品已受潮变质，多半已失效。

（5）水剂

应为均匀液体，无沉淀或悬浮物，加水稀释后一般也不出现浑浊沉淀。

（6）颗粒剂

产品颗粒应粗细均匀，不应含有许多粉末。

### （四）如何避免购买假劣农药

要做到下面几点。①要到合法的农药经营单位购买农药。②不要购买没有标签或者标签残缺不清的农药。③要注意所购买农药的生产日期和有效期。④要正确选购农药。先弄清造成作物为害的虫、病、草、鼠害等是哪一类、哪一种，再确定需要购买哪种农药。如果有不清楚的地方，可以请教当地农业技术人员或农民技术员。⑤购买农药后，一定要向经销商索要正式发票，如果以后出现质量问题，就有追究经销商责任的证据。

如果农民因假农药遭受损失，切记做到：首先，要保留证据、保护现场，包括各种票据、产品包装、剩余品、检验报告、药害或受损现场等。其次，要及时向政府主管部门反映。主要有各级农业行政主管部门、工商行政管理部门、质量技术监督管理部门等，情节严重、可能已构成犯罪的可向公安部门报案。第三，可到各级消费者协会或仲裁机构或人民法院投诉、诉讼，依法维护自己的合法权益。

### （五）国家限用和禁用农药名录

1. 禁止生产销售和使用的农药名单（33种）

六六六、滴滴涕、毒杀芬、二溴氯丙烷、杀虫脒、二溴乙烷、除草醚、艾氏剂、狄氏剂、汞制剂、砷类、铅类、敌枯双、氟乙酰胺、甘氟、毒鼠强、氟乙酸钠、毒鼠硅、甲胺磷、甲基对硫磷、对硫磷、久效磷、磷胺、苯线磷、地虫硫磷、甲基硫环磷、磷化钙、磷化镁、磷化锌、硫线磷、蝇毒磷、治螟磷、特丁硫磷。

注：①苯线磷、地虫硫磷、甲基硫环磷、磷化钙、磷化镁、磷化锌、硫线磷、蝇毒磷、治螟磷、特丁硫磷 10 种农药自 2011 年 10 月 31 日停止生产，2013 年 10 月 31 日起停止销售和使用。② 2013 年 10 月 31 日前禁止苯线磷、地虫硫磷、甲基硫环磷、硫线磷、蝇毒磷、治螟磷、特丁硫磷在蔬菜、果树、茶叶、中草药材上使用。禁止特丁硫磷在甘蔗上使用。

2. 在蔬菜、果树、茶叶、中草药材上不得使用和限制使用的农药（17 种）

禁止甲拌磷、甲基异柳磷、内吸磷、克百威、涕灭威、灭线磷、硫环磷、氯唑磷在蔬菜、果树、茶叶和中草药材上使用。禁止氧乐果在甘蓝和柑橘树上使用；禁止三氯杀螨醇和氰戊菊酯在茶树上使用；禁止丁酰肼（比久）在花生上使用；禁止水胺硫磷在柑橘树上使用；禁止灭多威在柑橘树、苹果树、茶树和十字花科蔬菜上使用；禁止硫丹在苹果树和茶树上使用；禁止溴甲烷在草莓和黄瓜上使用；除卫生用、玉米等部分旱田种子包衣剂外，禁止氟虫腈在其他方面使用。

按照《农药管理条例》规定，任何农药产品都不得超出农药等级批准的使用范围使用。

## 三、科学施肥

### （一）真假肥料鉴别常识

从包装上鉴别：①检查标志。肥料包装袋上必须注明产品名称、养分含量、等级、商标、净重、标准代号、厂名、厂址、生产许可证号码等标志。如上述标志没有或不完整，可能是假肥料或劣质肥料。②检查包装封口。对包装袋封口有明显拆封痕迹的肥料要特别注意，这种现象有可能掺假。

从气味上鉴别：有明显刺鼻氨味的细粒是碳酸氢铵；有酸味的细粉是重过磷酸钙。若过磷酸钙是很刺鼻的怪酸味，则说明生产过程中很可能使用了废硫酸，这种肥料有很大的毒性，极易损伤或烧死作物。

加水溶解鉴别：取需检验的肥料 1 克，放于干净的玻璃管（或玻璃杯、白瓷碗）中，加入 10 毫升蒸馏水（或干净的凉开水），充分摇匀，看其溶解的情况；全部溶解的是氮肥或钾肥；溶于水但有残渣的是过磷酸钙；溶于水无残渣或残渣很少的是重过磷酸钙；溶于水但有较重氨味的是碳酸氢铵；不溶于水，但有气泡产生并有电石气味的是石灰氮。

熔融鉴别：选用一块无锈新铁片，烧红后取一小勺肥料放在铁片上，观察熔融情况。冒烟后成液体的是尿素；冒紫红色火焰是硫酸铵；熔融成液体或半液体，为硝酸钙；不冒烟的为碳酸氢铵；不熔融仍为固体的是磷肥、钾肥、石灰氮；不熔融伴有气化不冒烟而仍为固体的则是铵化磷肥

简易识别肥料真伪的方法，概括为四个字“看、摸、嗅、烧”。

1. 看

(1) 肥料包装

正规厂家生产的肥料，其外包装规范、结实。一般注有生产许可证、执行标准、登记许可证、商标、产品名称、养分含量（等级）、净重、厂名、厂址等；假冒伪劣肥料的包装一般比较粗糙，包装袋上信息标示不清，质量差，易破漏。

(2) 肥料的粒度（或结晶状态）

氮肥（除石灰氮外）和钾肥多为结晶体；磷肥多为块状或

粉末状的非晶体，如钙镁磷肥为粉末状，过磷酸钙则多为多孔、块状。优质复合肥粒度和比重较均一，表面光滑，不易吸湿和结块。如俄罗斯产三元素复合肥和美国二铵。而假劣肥料恰恰相反，肥料颗粒大小不均、粗糙、湿度大、易结块。

（3）肥料的颜色

不同肥料有其特有的颜色，氮肥除石灰氮外几乎全为白色，有些略带黄褐色或浅蓝色（添加其他成分的除外）；钾肥呈白色或略带红色，如磷酸二氢钾呈白色；磷肥多为暗灰色，如过磷酸钙、钙镁磷肥是灰色，磷酸二铵为褐色等。

2. 摸

将肥料放在手心，用力握住或按压转动，根据手感来判断肥料。利用这种方法，判别美国二铵较为有效，抓一把肥料用力握几次，有“油湿”感的即为正品，而干燥如初的则很可能是用倒装复合肥冒充的。此外，用粉煤灰冒充的磷肥，也可以通过“手感”，进行简易判断。

3. 嗅

通过肥料的特殊气味来简单判断。如碳酸氢铵有强烈氨臭味；硫酸铵略有酸味；过磷酸钙有酸味。而假冒伪劣肥料则气味不明显。

4. 烧

将肥料样品加热或燃烧，从火焰颜色、熔融情况、烟味、残留物情况等识别肥料。①氮肥碳酸氢铵，直接分解，发生大量白烟，有强烈的氨味，无残留物；氯化铵，直接分解或升华发生大量白烟，有强烈的氨味和酸味，无残留物；尿素，能迅速熔化，冒白烟，投入炭火中能燃烧，或取一玻璃片接触白烟时，能见玻璃片上附有一层白色结晶物；硝酸铵，不燃烧但熔化并出现沸腾状，冒出有氨味的烟。②磷肥过磷酸钙、钙镁磷肥、磷矿粉等在红木炭上无变化；骨粉则迅速变黑，并放出焦臭味。③钾肥硫酸钾、氯化钾、硫酸钾镁等在红木炭上无变化，发出噼啪声。④复混肥料燃烧与其构成原料密切相关，当其原料中有氨态氮或酰胺态氮时，会放出强烈氨味，并有大量残渣。

### （二）常用肥料的鉴别及施用方法

#### 1. 尿素

尿素外观为白色，球状颗粒，总氮含量≥46.0%，容易吸湿，易溶于水和液氨中，20℃时，100 千克水可溶解 105 千克尿素。如在炉子上放一块干净的铁片，将尿素颗粒放在上面，可见尿素很快熔化并挥发掉，同时，冒有少量白烟，可闻到氨味。尿素可作基肥和追肥、种肥，施用尿素要深施盖土，防止氮素损失，其肥效比其他氮肥均晚 3～4 天，因此，追肥应适当提早施用。它是中性肥料，长期施用对土壤没有破坏作用。尿素作为根外追肥喷施每次亩喷 0.5～1.5 千克，每隔 7～10 天喷 1 次，一般喷 2～3 次，喷施时间以清晨或傍晚为宜。

尿素如作种肥施用，须先和干细土混合施在种子下一定的距离，避免肥料和种子直接接触，亩用量 2.5 千克为宜。

#### 2. 碳酸氢铵

碳酸氢铵简称碳铵，为白色或微灰色结晶，有氨气味，含氮量 17% 左右。吸湿性强，易溶于水。它具有不稳定性，温度、湿度越高，分解越快，并且易吸潮和结块，简易鉴别碳酸氢铵时，可用手指拿少量样品进行摩擦，即可闻到较强的氨气味。

碳铵宜作底肥和追肥，但不宜作种肥，应深施，并立即覆土，以防止氨的挥发，它不能与碱性肥料混合施用。

#### 3. 硫酸铵

硫酸铵简称硫铵，外观为白色或浅色之结晶，含氮量在

20%～21%，硫酸铵吸湿性小，不易结块，易溶于水，当它在火上加热时，可见到缓慢熔化，并伴有氨味放出。

硫酸铵的施用方法主要有以下几种。

①作基肥：要深施盖土，以利于作物吸收。②作追肥：这是最适宜的施用方法，对保水保肥性能较差的土壤，要分期追肥，每次用量不宜过多；对保水保肥性能好的土壤，每次用量可适当多些，旱地施用硫酸铵时一定要注意及时浇水。③较适于作种肥。

4. 硝酸铵

农用硝酸铵外观微黄色，含氮量33%～34%。硝酸铵具有很强的水溶性，肥效快。它不仅易溶于水，也易溶于非水溶剂。它还具有较强的吸湿性、结块性和易燃易爆性。把硝酸铵样品直接放在烧红的铁板上，熔化迅速，出现沸腾状，溶化快结束时可见火光，冒大量白烟，有氨味，鞭炮味。

硝酸铵宜作追肥施用，一般每亩10～15千克，采取沟或穴深施至10厘米左右，覆土盖严，它不能与新鲜有机物混合堆沤和混施，也不能与草木灰等碱性物质混合施用。

5. 氯化铵

农用氯化铵为微黄色晶体，含氮量在24%～25%，易溶于水，吸水性强，易结块，将少量氯化铵放在火上加热，可闻到强烈的刺激性气味，并伴有白色烟雾，迅速熔化并全部消失，在熔化过程中可见到未熔部分呈黄色。

氯化铵的施用方法有以下几种。

①用作基肥：氯化铵作基肥施用后，应及时浇水以便将肥料中的氯离子淋洗至下层，减少对作物的不利影响。②用作追肥：但追肥时要掌握少量多次的原则。③不宜作种肥：因为氯化铵在土壤中会生成水溶性氯化物，影响种子的发芽和幼苗生长。

6. 过磷酸钙

过磷酸钙简称普钙，外观为深灰色、灰白色、浅黄色等疏松粉状物，块状物中有许多细小的气孔，俗称“蜂窝眼”。购买时取少许过磷酸钙放到嘴里尝一尝，如有酸味，是真过磷酸钙，如果带碱味，说明是磷石膏；还可以取少许过磷酸钙置于一张白纸上放在亮处观察，若外观粉末精细，其中，含有玻璃光泽的细碎颗粒，且粉末间似乎有磁性，则可判定为过磷酸钙掺有磷石膏。玻璃光泽颗粒越多，说明掺的磷石膏越多，或者取少量过磷酸钙倒入装一半水的透明玻璃杯中，并搅拌 1 分钟，然后把玻璃杯静置 5 分钟，观察肥料的溶水情况。过磷酸钙肥料有一部分能溶于水中，另一半沉淀于杯底。

普钙通常集中施用的方法是作种肥、蘸根、作苗床基肥和集中作基肥、追肥。作种肥不宜过多，一般 2.5 ~ 4 千克/亩。另外，和有机肥混合施用，分层施用都可以显著提高普钙的利用率和肥效。普钙作叶面喷肥喷施前应先将它浸泡于 10 倍水中，充分搅拌，放置过夜，取其清液，稀释后喷施，小麦喷施浓度以 1% ~3% 为宜。

7. 钙镁磷肥

钙镁磷肥外观为灰白色、灰绿色或灰黑色粉末，看起来极细，在阳光的照射下，一般可见到粉碎的、类似玻璃体的物体存在，闪闪发光。不溶于水，不易流失，不吸潮，无毒性，无酸味，无腐蚀性，在火上加热时，看不出变化。

用手触摸钙镁磷肥时比较爽手，有点像水泥的感觉或者取少许钙镁磷肥置入加水的碗中，几乎不溶解。钙镁磷肥可作基肥、种肥和追肥，但以作基肥最好。作基肥要深施、早施，最好和优质农家肥混合作基肥使用，基肥每亩 30 ~ 40 千克，种肥每亩 10 ~ 15 千克，由于其肥效缓慢、后效长，当季作物不能完全利用，可以隔年施用，以充分发挥其功效。另外，钙镁磷肥与普钙、氮肥不能混合施用，不能与酸性肥料混合施用。

8. 磷酸二铵

磷酸二铵又称磷酸氢二铵，是含氮磷两种营养成分的复合肥，易溶于水，不溶于乙醇，有一定吸湿性，在潮湿空气中易分解。磷酸二铵多为磷褐色或灰色颗粒，颗粒坚硬，断面细腻，有光泽。国产磷酸二铵为灰白色颗粒。由于磷酸二铵市场价格高，造假几率较多，下面介绍3种鉴别方法。

①水溶法：取磷酸二铵少许，放入白色小玻璃瓶或白色水杯中，加水50毫升摇动片刻，静置几分钟后，不溶化的是水泥制品；混浊发黑的为粉煤灰制品；上层清澈溶液较多的是磷酸二铵真品；下层混浊较多的为硝酸磷肥。

②断面测试法：取磷酸二铵样品用刀具从颗粒中间切开，磷酸二铵断面细腻有光泽，水泥不易切开，粉煤断面粗糙呈灰色，硝酸磷肥断面灰色无光泽。

③手心测试法：取磷酸二铵样品握于手心片刻，颗粒表面明显易湿润的为硝酸磷肥，有干燥感的是水泥或粉煤灰，有凉爽感的是磷酸二铵。

9. 磷酸二氢钾

农用磷酸二氢钾微带颜色，呈粉状，易溶于水，用于叶面喷施时吸收利用率达到80%～90%，能缓冲土壤酸碱变化，不溶于醇。下面介绍五种真假磷酸二氢钾的辨别方法。

①从价格上鉴别：凡市场上200克/袋、400克/袋的“磷酸二氢钾”零售价格2元左右的，可以断定为假冒伪劣磷酸二氢钾，含量绝大部分是零，部分产品含量最高超不过15%。

②从口味上鉴别：取几粒尝一下，是苦味的是假冒磷酸二氢钾，可能是硫酸镁或化学工业废盐，是咸味的有可能是真的，但咸味很重，发苦的，和食盐相近的，可能是海盐。真正的磷酸二氢钾是淡淡的咸味，能闻到味（臭味、氨气味）的磷酸二氢钾

都是假的，因为真正的磷酸二氢钾是白色无味晶体。

③从外包装上鉴别：一是包装上一定要标明汉字磷酸二氢钾，并且应有详细的厂名、厂址、电话、执行标准号。其他如标有“复合型”、“改进型”、“磷酸二氢钾型”等都不是真品。二是把“磷酸二氢钾”几个字写得很大，“铵”字写得很小；在包装袋右上方标上小字“高效复合肥（Ⅱ）型”，中间则用大字标上磷酸二氢钾；磷酸二氢钾Ⅱ型，都是假的。三是在说明中标明了该产品由氮、磷、钾组成，甚至还含有硼、锌、铁等微量元素、调节剂（激素）、生长因子、稀土等高科技名词的，都是假冒伪劣。众所周知，98%磷酸二氢钾只含磷、钾，并不含氮、微量元素等，国家标准中也没有Ⅰ、Ⅱ型及复方之分。四是市场上流通瓶装的液体磷酸二氢钾，它从形状上就不符 HG 2321—92 标准上的“外观呈白色结晶或粉状”的要求，本身也没有液体磷酸二氢钾这个产品，更不符合国家农业部的肥料登记要求，不允许生产，可视之为假货。五是包装简单、粗糙、厂名、厂址不详、冒用厂名厂址，电话打不通，还标明“纯品”、“高纯”、“进口”、“真品”、“复方”、“纳米”等名词，都可视为假货。

④技术鉴别：一是取少许产品在铁片上加热，溶解为透明液体，冷却后凝固成半透明的玻璃状物质的为真品。外观呈白色结晶或粉末状，取少量在阳光下暴晒，性状和色泽不发生变化的基本可以认为是真品。二是取玻璃杯一个，倒大半杯温水，向水中投入食用纯碱 50 克，然后搅拌至纯碱完全溶解，取 10 克磷酸二氢钾加入纯碱溶液中，如有大量气泡冒出，即为真品；如果出现大量絮状沉淀或者有其他反应，说明为假冒伪劣产品。三是用火烧，如有氨的味道，均为假冒伪劣产品。

磷酸二氢钾的施用方法如下。

①叶面喷施：在作物生长发育中、后期喷施 2～3 次，每次间隔 7～8 天，肥料溶液浓度根据不同作物种类及生长时期分别

为 0.1% ~0.6%，每亩喷施溶液量为 50 ~ 70 千克，喷施时要避开正午的阳光，阴雨天不宜喷施，勿与碱性农药混用。

②浸种：0.2% 水溶液浸泡种子 18 ~ 20 小时捞出阴干后播种。浸种用过的溶液仍可用于叶面喷施或灌根。

③拌种：将 1% ~2% 水溶液用喷雾器或弥雾机均洒于种子上，稍晾即可播种，每千克溶液拌种 10 千克左右。

④沾根：0.5% 水溶液沾根。

⑤灌根：一般用 0.2% 水溶液每株灌 150 ~ 200 克。大棵作物如高粱、玉米可适当多灌。

⑥根施：可代替其他磷钾肥作基肥。

# 主要参考文献

[1] 刘万代. 小麦生长后期田间管理技术. 河南科技报，2012(5).

[2] 赖军臣，等. 小麦常见病虫害防治. 北京：中国劳动社会保障出版社，2011.

[3] 张文英. 夏玉米栽培与利用关键技术. 北京：中国三峡出版社，2006.

[4] 朱文玲. 夏大豆高产栽培技术. 现代农业科技，2008(10)：114.

[5] 雷华北，王志华. 夏芝麻优质高产栽培技术. 现代农业科技，2010（19）：77，79.

[6] 贾静娜. 麦套花生高产栽培技术. 河南农业，2011(5)：39.

[7] 廖伯寿. 花生主要病虫害识别手册. 武汉：湖北科学技术出版社，2012.